OBSERVACIONES ASTRONOMICAS

EVA ARZOLA DE CALERO

OBSERVACIONES ASTRONOMICAS

EDUPR
EDITORIAL DE LA UNIVERSIDAD
DE PUERTO RICO
1992

Primera edición, 1988
Reimpresiones, 1992, 1997, 2001, 2002

Catalogación de la Biblioteca del Congreso
Library of Congress Cataloging-in-Publication Data

Arzola de Calero, Eva
ISBN 0-8477-0126-3
Observaciones astronómicas
1. Astronomy. 1. Title
QB43.2.A.78 1986 523 86.7068

Impreso en los Estados Unidos de América
Printed in the United States of America

EDITORIAL DE LA UNIVERSIDAD DE PUERTO RICO
PO Box 23322
San Juan, Puerto Rico 00931-3322
Administración: Tel. (787) 250-0046 / FAX (787) 753-9116
Dpto. de Ventas: Tel. (787) 758-8345 / FAX (787) 751-8785

INDICE

Página

NOTA AL ESTUDIANTE

OBJETIVOS

Al completar este libro se espera que el estudiante pueda:

1. Establecer definiciones de una serie de conceptos básicos de astronomía.

2. Localizar un observador en cualquier parte del globo terrestre mediante el sistema de coordenadas terrestres basado en la latitud y la longitud.

3. Exponer correctamente las características de los movimientos de las estrellas, el sol, la luna y los planetas según se observan desde la Tierra.

4. Determinar los puntos cardinales de un observador en cualquier parte de la Tierra.

5. Ilustrar correctamente mediante diagramas la relación entre la latitud del observador y la apariencia del cielo.

6. Mostrar correctamente mediante diagramas el paso diurno del sol a través del cielo durante el invierno, la primavera, el verano y el otoño según se observa desde las distintas regiones de la Tierra.

7. Distinguir un planeta de entre la multitud de estrellas en el cielo.

Se incluye en este libro una pequeña prueba de progreso al final de cada uno de los tópicos tratados. Estas pruebas son relativamente cortas y hacen referencia al material discutido en la sección que justamente precede la prueba. El propósito de éstas es que el estudiante se auto-examine para que sepa si ha comprendido en su totalidad el material que acaba de estudiar.

INTRODUCCION

Desde que el hombre comenzó a tomar conciencia de sí mismo y a emerger como una criatura distinta en el Universo que habita, siempre ha mirado al cielo con gran admiración y recelo. Y así, de estas primeras, primitivas contemplaciones celestes, cuando el hombre intentó arduamente tener dominio de su ignorancia y resolver los misterios que le acosaban, es que surge eventualmente la ciencia de la astronomía. No hay duda de que la ciencia de la astronomía es casi tan antigua como el hombre mismo.

La astronomía es la ciencia de la posición, movimiento, constitución, historia y destino de los cuerpos celestes. Tanto los astrónomos profesionales como los contempladores de estrellas aficionados, cada uno a su manera y con sus propios fines, estudian esta ciencia porque ofrece información imprescindible sobre el Universo, información que luego se hace útil en un gran número de aplicaciones prácticas y científicas. Ahora, hay otra razón, tal vez más importante aún, para emprender el estudio de la astronomía. Especialmente para el aficionado, hay por adquirir algo más que el mero conocimiento o la satisfacción de la curiosidad intelectual. Estudiamos astronomía porque la inteligencia, la mente interrogadora del hombre debe formular preguntas y buscar respuestas; debe conocer el "¿Por qué?" de las cosas y descubrir "¿Cómo?" y desde el principio, siempre que el hombre levantaba su vista, ahí encontraba el cielo, siempre afrontándolo con problemas al parecer insolubles, siempre desafiándolo a resolver sus misterios.

En cierto modo, el hombre ha manifestado su reacción ante estos misterios en la magia y en la mitología. Así, estas declaraciones han quedado infundidas permanentemente en el arte y la literatura mundial. Por otro lado, el hombre intentó explicar los fenómenos celestes percibidos por sus sentidos en términos científicos. Esas explicaciones son el tema de la ciencia de la astronomía.

Observaciones y datos

Considere el conocimiento que se puede obtener simplemente observando el cielo. Si ha vivido, o vive todavía en el campo, estará sin duda familiarizado con muchas de las cosas que a continuación vamos a exponer aquí. Si ha vivido siempre en la zona urbana, tal vez no se haya preocupado tanto por observar lo que sucede en el cielo. En este caso, será necesario que salga en estos días y observe el cielo. Es *ahora* el tiempo de hacer observaciones.

Primeramente, vamos a considerar la *apariencia* del cielo. ¿Qué impresión tiene en cuanto a la *forma* del cielo? Si se observa con cuidado, ya sea de día o de noche, sin duda parecerá que el cielo tiene la forma de una gran bóveda o cúpula, vista desde su interior. (Fig. 1) Si ha visitado la Catedral de San Juan, el Capitolio o algún otro edificio que tiene bóvedas, comprenderá mejor lo que se quiere decir. De ahora en adelante, nos referiremos a esta gran bóveda del cielo como la *bóveda celeste.*

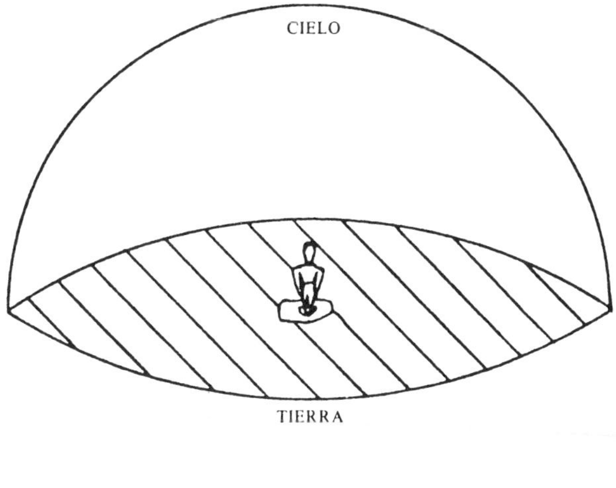

Fig. 1

Bien, vuelva a observar el cielo y fíjese en la *posición* que ocupa con respecto a la bóveda celeste. Nos da la impresión de encontrarnos en el *centro* de esta bóveda. Note que la parte baja de la bóveda celeste parece estar limitada por una línea que la separa a vuelta redonda de los objetos en la Tierra. A esta línea divisoria entre cielo y Tierra se le conoce como el *horizonte aparente.* (Fig. 2)

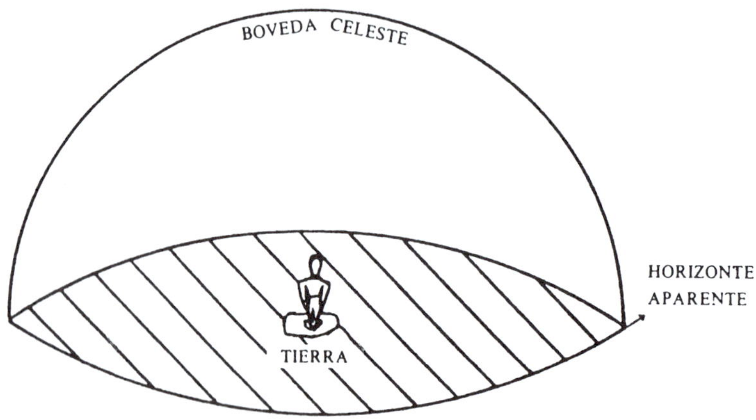

Fig. 2

Consideremos algunos de los fenómenos que vemos suceder sobre la superficie aparente de la bóveda celeste. ¿Podría mencionar algunos? Tal vez sea más conveniente enumerar estos datos. Tenemos:

(1) cada día el sol sale por la región este de nuestro horizonte, se mueve hasta alcanzar una altura máxima a mediodía y luego se pone por la región oeste de nuestro horizonte.

(2) cada noche, las estrellas a su vez se mueven en conjunto en la misma dirección de este a oeste con respecto al horizonte.

(3) cada noche, durante su período de visibilidad, la luna participa de este movimiento de este a oeste con respecto al horizonte.

(4) cada noche, los planetas comparten a su vez el movimiento de las estrellas y la luna.

(5) durante el transcurso de los meses, el sol parece cambiar su posición con relación a las estrellas, moviéndose en una dirección de oeste a este respecto a las mismas, completando una vuelta al cabo de un año.

(6) la luna también parece cambiar su posición con relación a las estrellas, moviéndose en una dirección de oeste a este res-

pecto a éstas, completando una vuelta en el curso de un mes aproximadamente.

(7) la luna cambia además su forma de vez en cuando, tardando aproximadamente un mes en volver a presentar una misma forma a la Tierra.

(8) los planetas cambian su posición con relación a las estrellas, moviéndose en una dirección de oeste a este respecto a las mismas, completando una vuelta en tiempos diferentes y propios de cada uno de ellos. Ocasionalmente, parecen retroceder temporeramente en este movimiento para luego reanudar su marcha a través de las estrellas.

No se desanime ni preocupe si algunos de los datos que acabamos de mencionar son nuevos. Muchas de estas observaciones requieren un período de tiempo bastante largo y mucha paciencia para poder llevarlas a cabo. Más adelante, volveremos a considerar cada uno de estos datos más ampliamente. Todavía está a tiempo de hacer observaciones. Es éste el momento de comenzar.

Prueba de Progreso Núm. 1

(1) ¿Qué forma parece tener el cielo observado desde las siguientes ciudades?

Una bóveda

(a) Ponce, Puerto Rico
(b) Chicago, Illinois
(c) París, Francia
(d) Buenos Aires, Argentina

(2) ¿Qué posición parece ocupar el observador respecto a la bóveda celeste en las siguientes ciudades?

El centro

(a) Ponce, Puerto Rico
(b) Chicago, Illinois
(c) París, Francia
(d) Buenos Aires, Argentina

(3) Mencione varios sucesos celestes que se pueden observar en el transcurso de un día. Cuando sale el sol por el este y se oculta al oeste lo mismo que la luna

(4) Mencione varios sucesos celestes que se pueden observar en el transcurso de más de un día.

Cambios lunáres en forma

El sol y la luna parecen cambiar de dirección

Coordenadas terrestres

Considere la siguiente superficie rectangular LMON donde se encuentran tres puntos: *a, b,* y *c.* (Fig. 3)

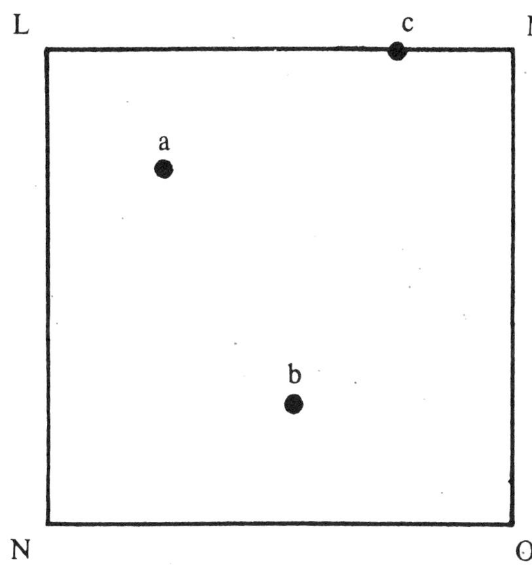

Superficie Rectangular LMON

Fig. 3

Se desea localizar, es decir, determinar la posición de *a, b* y *c* en esta superficie. ¿Tiene alguna idea acerca de cómo podríamos hacerlo? El método más conveniente para este propósito es el de subdividir la superficie en cuadrados iguales más pequeños. Para lograr esto, simplemente trazamos primero unas líneas que sean paralelas a la línea LN (o a la línea MO) y que estén separadas por una misma distancia unas de otras. (Fig. 4)

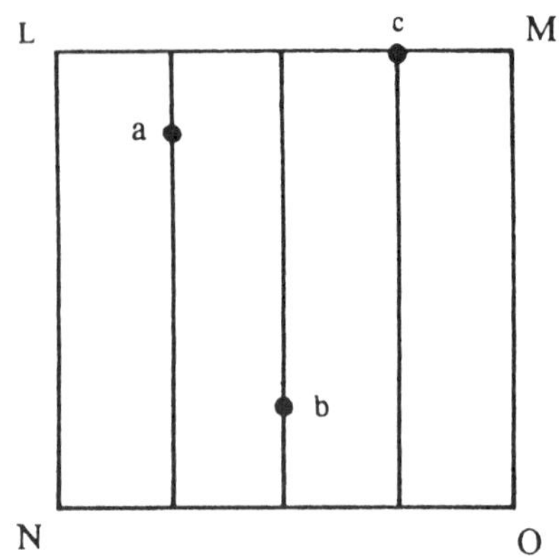

Fig. 4 **Superficie Rectangular LMON**

Luego trazamos unas líneas que sean paralelas a la línea NO (o a la línea LM) y que queden equidistantes unas de otras. (Fig. 5)

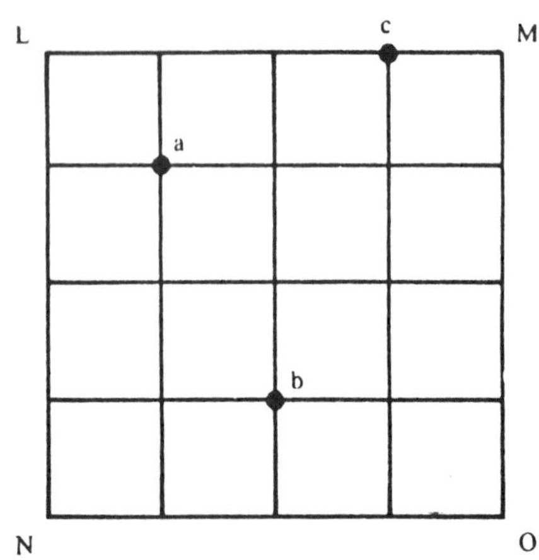

Superficie Rectangular LMON

Fig. 5

Resulta entonces conveniente, como se verá después, asignarle un número, en orden ascendente. a cada una de las líneas que se han trazado, comenzando con el número cero (0), para las líneas LN y NO, como se ilustra en la Figura 6 a continuación.

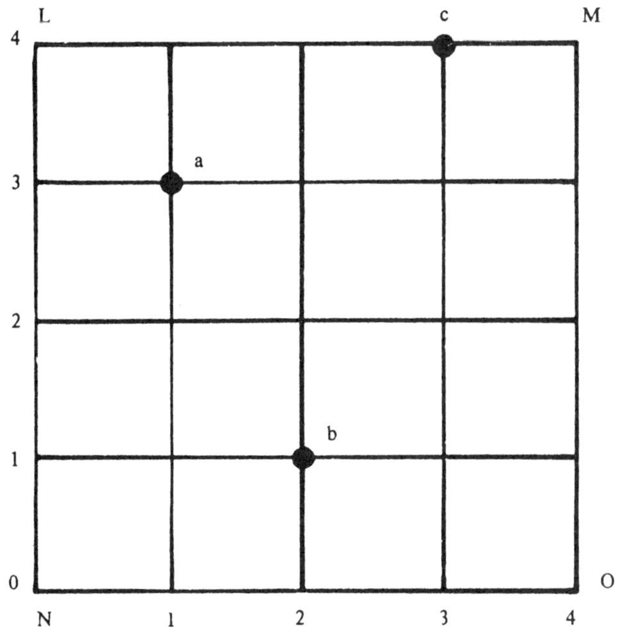

Superficie Rectangular LMON

Fig. 6

Veamos cómo podemos localizar los puntos *a, b* y *c.* Comencemos con el punto *a.* De acuerdo a la subdivisión que hemos hecho, (Fig. 6), vemos que el punto *a* queda exactamente en la intersección de dos líneas. Podemos entonces decir que el punto *a* está localizado a *una* unidad de la línea LN y a *tres* unidades de la línea NO. A estos valores, 1 y 3, les vamos a llamar las *coordenadas del punto a* y las representaremos con el símbolo (1, 3),. Del mismo modo, si examinamos la posición del punto *b* en la superficie, (Fig. 6), nos damos cuenta que el punto *b* queda a *dos* unidades de la línea LN y a *una* unidad de la línea NO. Por tanto, podemos decir que *las coordenadas del punto b* son (2, 1). Finalmente, consideremos el punto *c.* Trate de determinar su posición. Si ha entendido bien, debe encontrar que el punto *c* está localizado a *tres* unidades de la línea LN y a *cuatro* unidades de la línea NO. Luego entonces, sus *coordenadas* son (3, 4).

Vuelva a considerar la figura 6. Mire los números que asignamos a cada una de las líneas en la superficie. Observe que el número cero, (0), le corresponde tanto a la línea vertical LN como a la línea horizontal NO. A estas líneas, a la línea LN y a la línea NO, a las cuales les hemos asignado el número cero, les llamaremos *ejes de coordenadas*. En este caso la línea LN corresponde al extremo izquierdo, y NO al extremo inferior, de la superficie LMON. Sin embargo, este no tiene que ser siempre el caso. Se puede asignar el número cero a cualesquiera otras dos líneas. Como ejemplo, considere la figura 7. En esta figura, hemos reproducido la superficie rectangular LMON, con la única diferencia de que hemos cambiado los ejes de coordenadas.

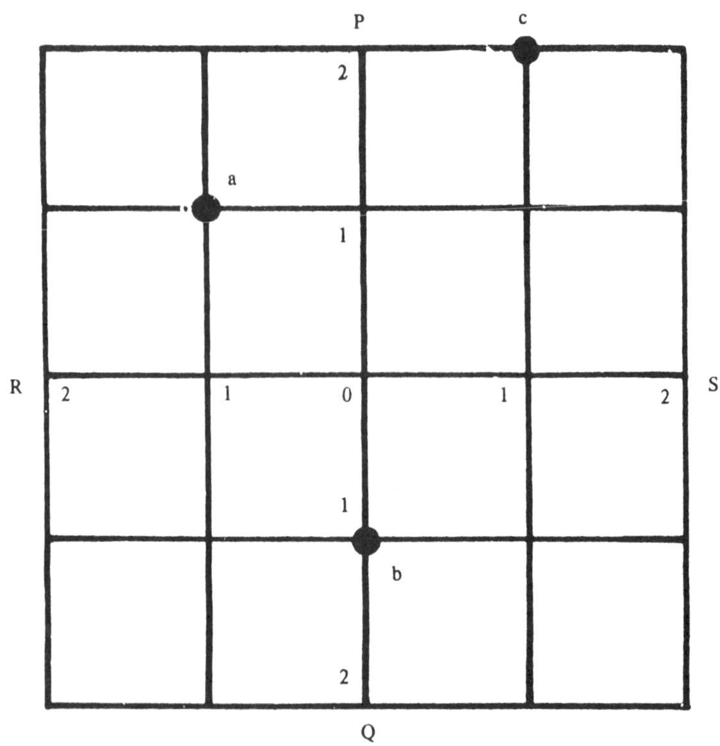

Superficie rectangular LMON con ejes de coordenadas PQ y RS

Fig. 7

Las líneas PQ y RS representan ahora los ejes de coordenadas. Podemos preguntarnos, ¿cuál es la localización de los puntos *a, b* y *c* respecto a estos nuevos ejes de coordenadas? Si examina la posición del punto *a* en la figura 7, verá que éste se encuentra a *una* unidad a la *izquierda* de la línea PQ y a *una* unidad *por sobre* la línea RS. Del mismo modo, notará que el punto *b* queda justamente en la línea PQ, es decir, a *cero* unidades de la línea PQ, y a *una* unidad, *por debajo* de la línea RS. Similarmente, encontrará que el punto *c* está localizado a *una* unidad a la derecha de la línea PQ y a *dos* unidades *por sobre* la línea RS. Está claro que resulta poco práctico y muy inconveniente el describir la localización de los puntos *a, b* y *c* en los términos de "por sobre", "por debajo de", "a la izquierda de" o "a la derecha de". Para evitar esta dificultad, conviene tomar el siguiente acuerdo:

(1) Considere un punto que quede a la derecha del eje de coordenadas vertical, o sea, a la derecha de la línea PQ en nuestro caso. (Fig. 7) Se le asignará un signo positivo, (+), al número que represente su distancia de este eje.

(2) Considere un punto que quede a la izquierda del eje de coordenadas vertical, o sea, a la izquierda de la línea PQ en nuestro caso. (Fig. 7) Se le asignará un signo negativo, (—), al número que represente su distancia de este eje.

(3) Considere un punto que quede por sobre el eje de coordenadas horizontal, o sea, por sobre la línea RS en nuestro caso. (Fig. 7). Se le asignará un signo positivo, (+), al número que represente su distancia de este eje.

(4) Considere un punto que quede por debajo del eje de coordenadas horizontal, o sea, por debajo de la línea RS en nuestro caso. (Fig. 7) Se le asignará un signo negativo, (—), al número que represente su distancia de este eje.

Haciendo uso de este acuerdo y tomando en cuenta la discusión anterior, ¿podría indicar cuáles son las coordenadas de los puntos *a, b* y *c* con relación a los ejes RS y PQ? Si ha comprendido bien lo expuesto hasta aquí, estará de acuerdo en que las coordenadas del punto *a* están dadas por (—1, 1); las coordenadas del punto *b*, por (0, —1); y las coordenadas del punto *c*, por (1, 2).

Habrá notado que en la notación usada para representar las coordenadas de un punto, siempre el primer número indica la distancia y la posición relativa del punto en cuestión del eje de coordenadas vertical, mientras que el segundo número indica la distancia y posición relativa del punto en cuestión del eje de coordenadas horizontal. A estos números les llamaremos de ahora en adelante la *abscisa* y la *ordenada* respectivamente. Así, por ejemplo, para el punto *a*, cuyas coordenadas son (−1, 1), se tiene que la abscisa está dada por el número −1 y la ordenada está dada por el número 1. Y lo mismo aplica a las coordenadas de los puntos *b* y *c*.

Las coordenadas de un punto no tienen que ser siempre números enteros. Consideremos un ejemplo. Hagamos uso otra vez de la superficie rectangular LMON, con ejes de coordenadas PQ y RS. Sean *d* y *e* dos puntos localizados en esta superficie, como se ilustra en la Figura 8.

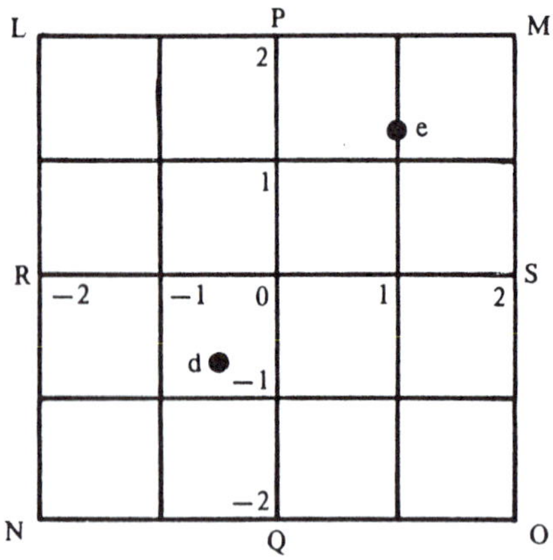

Fig. 8 **Superficie rectangular LMON. Dos puntos *d* y *e* en esta superficie.**

Si observa la posición del punto *d*, ha de notar que éste se encuentra aproximadamente a *media*, (1/2), unidad a la izquierda del eje PQ y aproximadamente a *tres cuartas partes*, (3/4), de una unidad por debajo de la línea RS. Por tanto, sus coordenadas son (−1/2, −3/4) o, lo que es lo mismo, (−0.5, 0.75). Determine ahora las coordenadas del punto *e*. Debe obtener como resultado para las coordenadas del punto *e* los valores (1, $1\frac{1}{4}$) aproximadamente.

Este método de localizar puntos se puede extender a cualquier superficie plana. Lo importante es la selección de los ejes de coordenadas. Estos deben intersectarse formando entre ellos un ángulo de noventa grados (90°). En el caso de la superficie de forma rectangular que hemos estado considerando, los ejes de coordenadas forman un ángulo de 90° automáticamente. Es necesario además subdividir la superficie en unidades iguales. Esto se consigue dividiendo en distancias iguales cada uno de los ejes de coordenadas y asignando números a cada una de estas divisiones según el acuerdo hecho anteriormente.

A cada punto en la superficie plana le corresponden dos números a los cuales hemos llamado las coordenadas del punto.

Este método de localizar puntos en un plano fue inventado por el matemático francés René Descartes. Por tanto, a los ejes de coordenadas que se usan en este método, se les conoce como el sistema de coordenadas cartesiano. Al eje horizontal se le llama el eje de X, mientras que al eje vertical se le llama el eje de Y. Al punto de intersección de estos ejes se le conoce como el origen del sistema de coordenadas cartesiano, correspondiendo a este punto las coordenadas (0,0). A cada punto en el plano le corresponde un par de números, las coordenadas del punto, que se conocen, según ya dijimos, como la abscisa y la ordenada respectivamente. La abscisa es la coordenada que se mide a lo largo del eje de X, mientras que la ordenada es la coordenada que se mide a lo largo del eje de Y. (Fig. 9)

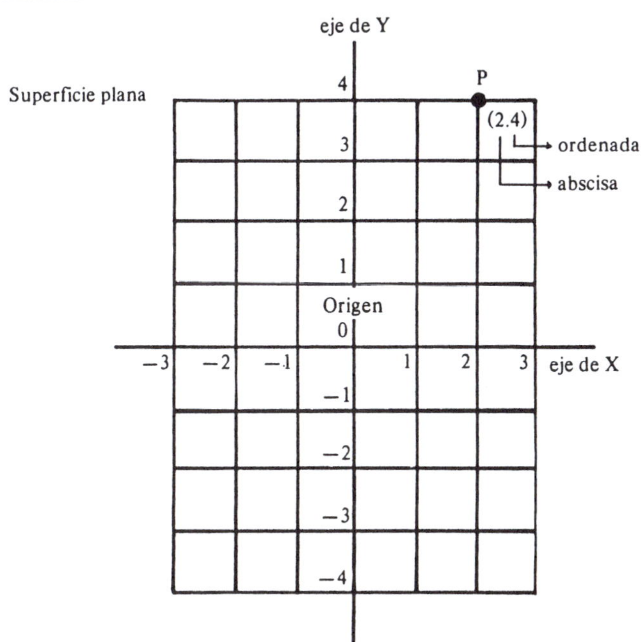

Fig. 9 Sistema de coordenadas cartesiano. El punto P tiene coordenadas (2, 4).

Supongamos ahora que se desea localizar puntos en la superficie de la Tierra. Aunque nuestro planeta Tierra no es exactamente una esfera, ya que es un poco achatado en los polos y abultado en el medio, podemos sin embargo, para fines prácticos, considerarlo como tal. Se trata de localizar puntos en una superficie esférica. ¿Cómo lo vamos a hacer? Es posible lograr estos si hacemos uso del método aprendido en la discusión anterior para localizar puntos en una superficie plana.

Será necesario hacer ciertas modificaciones al sistema pues estamos tratando ahora con puntos en la superficie de la Tierra, una superficie esférica, y no con puntos en una superficie plana. Sin embargo, en principio, el método es básicamente el mismo.

Considere la Tierra como una esfera. (Fig. 10) Nos interesa localizar, determinar la posición, de puntos en su superficie.

Fig. 10 **La esfera terrestre**

Al igual que en el sistema anterior, lo primero que vamos a hacer es escoger, a conveniencia, dos ejes de coordenadas, a los cuales vamos a llamar el *Ecuador Terrestre* y el *Meridiano de Greenwich.* (Fig. 11) El Ecuador Terrestre corresponde al eje horizontal (eje de X) y el Meridiano de Greenwich al eje vertical (eje de Y).

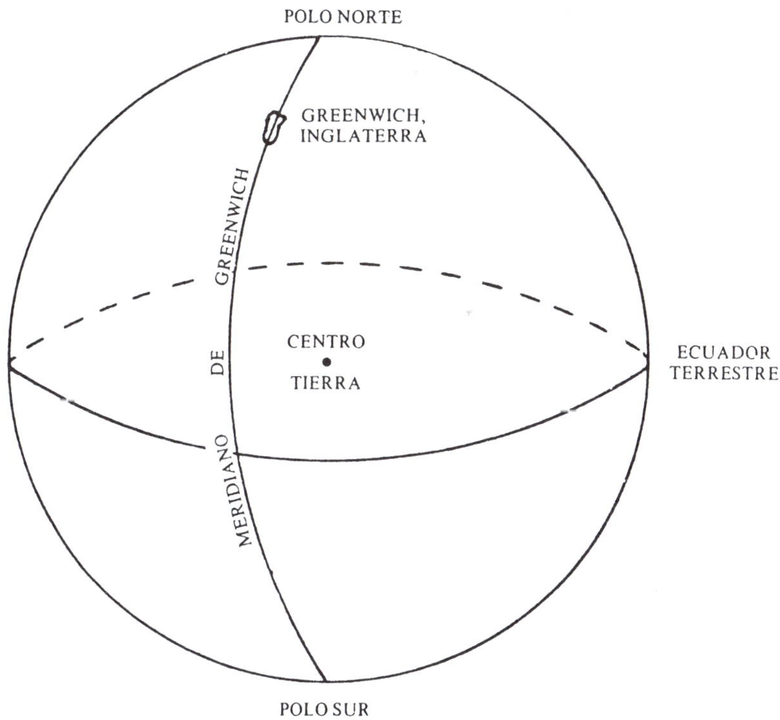

Fig. 11 **La esfera terrestre**

Como estamos tratando con una esfera, los ejes de coordenadas no corresponden ahora exactamente a dos líneas como en el caso anterior de la superficie plana.

Se define el *Ecuador Terrestre* como un círculo máximo en la esfera terrestre, un círculo que tiene como su centro el centro de la Tierra, cuyos puntos quedan a igual distancia de dos puntos opuestos en esa esfera, los cuales reciben el nombre de *Polo Norte* y *Polo Sur*. El Ecuador divide así a la Tierra en dos hemisferios, el del Norte y el del Sur. Llamamos *Meridiano de Greenwich* a un semicírculo que pasa por los polos norte y sur terrestres y por el Observatorio de Greenwich en Inglaterra, intersectando perpendicularmente el Ecuador Terrestre, (Fig. 11)

Del mismo modo que en el caso anterior, vamos a proceder ahora a subdividir la superficie de la Tierra en unidades rectangulares iguales. Esto se consigue dividiendo en distancias iguales cada uno de los ejes de coordenadas y asignándole números a cada una de estas divisiones.

En este respecto, y al igual que hicimos anteriormente, vamos a tomar como origen de nuestro sistema de coordenadas, asignándole el valor de cero grados (0°), a aquel punto donde el Meridiano de Greenwich intersecta el Ecuador Terrestre. Este punto queda en el Golfo de Guinea al sur de la República de Ghana en Africa. Se acostumbra dividir el círculo del Ecuador Terrestre hacia el este y hacia el oeste o, lo que es lo mismo, hacia la derecha y hacia la izquierda, del Meridiano de Greenwich en unidades desde cero grados (0°) hasta 180 grados (180°), comenzando con el valor de cero grados para el Meridiano de Greenwich. (Fig. 12) Por esta razón, al Meridiano de Greenwich se le conoce también como *Meridiano Cero.* Luego, a la coordenada que se mide a lo largo de este gran círculo del Ecuador Terrestre la vamos a llamar la *longitud* del punto que estamos localizando.

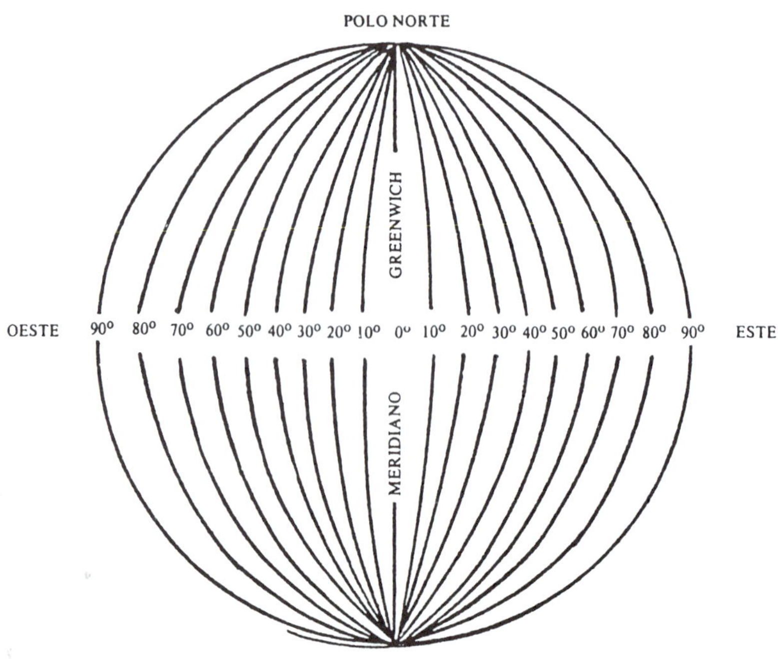

El Meridiano Cero pasa por Greenwich, Inglaterra.
Estas líneas indican *longitudes* sobre la Tierra.

Fig. 12

La longitud de un punto, al igual que la abscisa en el sistema de coordenadas cartesiano, expresa la distancia y posición de un punto con relación al eje de coordenadas vertical, esto es, al Meridiano Cero. La longitud de un punto expresa así su posición, este u oeste, y su distancia, en grados, del Meridiano Cero.

Similarmente, dividimos ahora el Meridiano de Greenwich en grados desde el Ecuador Terrestre hasta los polos terrestres, asignando valores a estas subdivisiones desde cero grados en el Ecuador hasta noventa grados en los polos. (Fig. 13) A la coordenada que se mide a lo largo de este Meridiano Cero la vamos a llamar la *latitud* del lugar que estamos considerando.

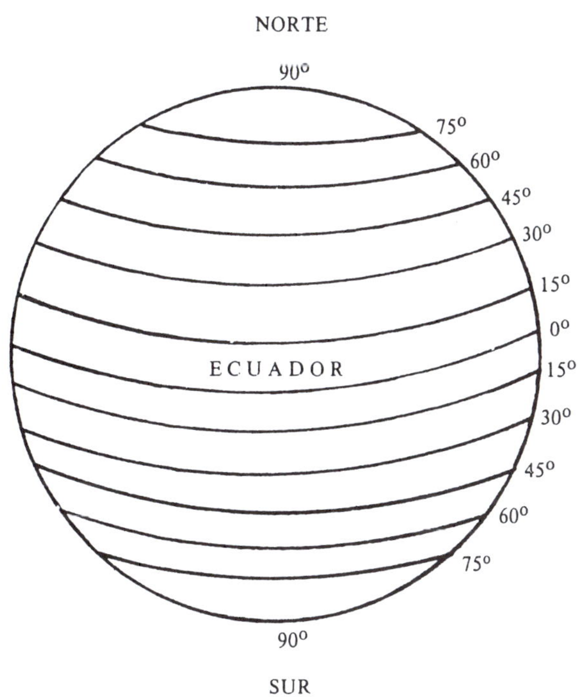

Fig. 13 Líneas que indican *latitudes* sobre la Tierra

La latitud de un punto, al igual que la ordenada en el sistema de coordenadas cartesiano, expresa la distancia y posición de un punto con relación al eje horizontal, esto es, al Ecuador Terrestre. La latitud de un punto nos da su posición, norte o sur, y su distancia, en grados, del Ecuador Terrestre.

Considere ahora la siguiente figura (Fig. 14):

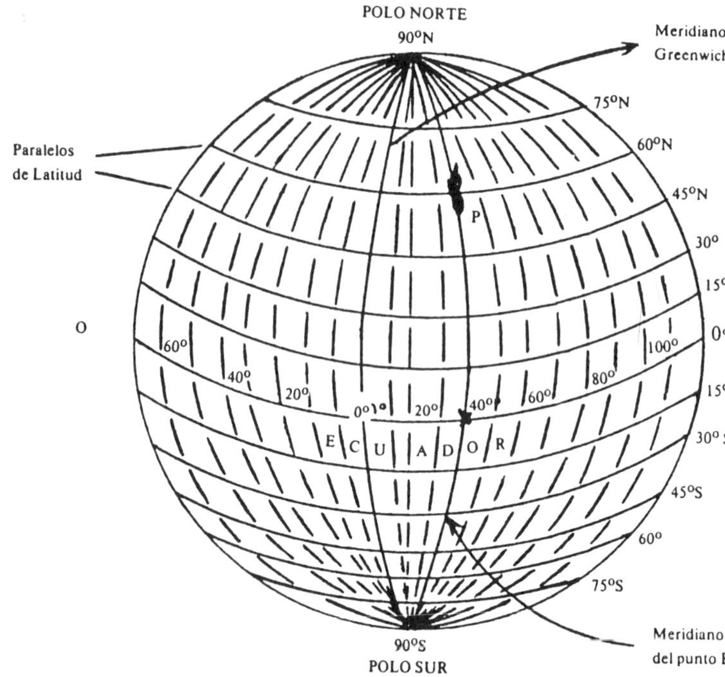

Fig. 14 La esfera terrestre

Queremos definir la posición del punto P en el globo terráqueo. ¿Cómo lo hacemos? En primer lugar, dibujamos un arco de un gran círculo a través de los polos geográficos y del punto que queremos localizar. Llamamos a ese arco el *meridiano* del lugar cuya posición estamos determinando. (Fig. 14) Observe que el meridiano del punto P, esto es, el meridiano que pasa por el punto P, intersecta el Ecuador Terrestre en el punto marcado X. En esta intersección, leemos la longitud del punto P. Note que la longitud del punto P es de 40° E. Esto quiere decir que el punto P se encuentra a 40 grados al este del meridiano cero. Para determinar la latitud del punto P, solamente es necesario dividir el meridiano que pasa por este punto en grados desde el Ecuador hasta los polos de manera similar a como dividimos anteriormente el meridiano cero. A lo largo de esta escala, leemos la *latitud* del punto P. La latitud del punto P en este caso es de 60°N; o sea, el punto P se encuentra a 60 grados al norte del Ecuador Terrestre.

Resumiendo, a cada punto en la superficie de la Tierra le corresponde un par de números, las coordenadas terrestres de ese punto, que se conocen como la longitud y la latitud del punto respectivamente. En los mapas y en los globos se acostumbra dibujar un número conveniente de meridianos, cada uno separado una distancia de 10 ó 15 grados por ejemplo, (Fig. 14), cuando el mapa cubre una gran porción de la Tierra. También se utiliza un sistema de círculos paralelos al Ecuador Terrestre, cada uno de los cuales representa el conjunto de puntos del globo que tienen igual latitud. (Fig. 14) A estos círculos auxiliares se les llama *paralelos de latitud.* Algunas veces los paralelos de latitud se encuentran divididos en grados de la misma manera que el Ecuador Terrestre, para facilitar la determinación de la longitud.

Prueba de Progreso Núm. 2

Nota: Es necesario tener a mano un mapa o globo de la Tierra para contestar estas preguntas.

(1) Mencione todos los países que quedan incluídos en la latitud 30°N.

(2) Mencione todos los países que quedan incluídos en la longitud 90°O.

(3) Determine la latitud de:

(a) Polo Norte Terrestre
(b) Polo Sur Terrestre
(c) Ecuador Terrestre

(4) Determine las coordenadas terrestres, latitud y longitud, de las siguientes ciudades:

(a) San Juan, Puerto Rico
(b) Madrid, España
(c) Los Angeles, California
(d) Asunción, Paraguay

Movimiento de las estrellas

Tal vez en una noche clara y serena ha observado el cielo y, en particular, la multitud de estrellas desparramadas en él. Si ha observado con cuidado, habrá visto que las estrellas parecen moverse en arcos en el cielo desde la parte este del horizonte, región por donde sale el sol en las mañanas, hacia la parte oeste del horizonte, región por donde se oculta el sol en las tardes. Por el *horizonte* vamos a entender la extensión hasta la bóveda celeste del plano terrestre donde se encuentra el observador o, lo que es lo mismo, un plano tangente a la Tierra, un plano que toca la Tierra, en la posición del que observa. (Fig. 15)

Fig. 15 **El horizonte**

Las estrellas tardan aproximadamente 23 horas, 56 minutos y 4 segundos en completar una vuelta alrededor de la Tierra. Esto se puede verificar muy fácilmente en forma aproximada cualquier noche clara con la ayuda de un reloj. Simplemente hay que anotar la hora en que alguna estrella brillante aparece justamente sobre la región este del horizonte en una noche dada. Al otro día, se repite el procedimiento. Sin duda alguna encontrará que toda estrella completa una revolución aparente en 23 horas, 56 minutos y 4 segundos. Vamos a llamar a este movimiento de las estrellas con relación al horizonte del observador, en la dirección de este a oeste, y que tarda alrededor de un día el *movimiento diurno aparente de las estrellas.* Tal vez llame la atención el uso del término "aparente" en esta exposición. Esto se debe a que estamos considerando aquí solo observaciones, lo que vemos con nuestros ojos. No estamos considerando el problema de si es o no es esto lo que en la realidad sucede.

El hecho de que las estrellas completen una revolución en menos de 24 horas es muy importante; esto quiere decir que las estrellas hacen más de una revolución en un período de 24 horas. Si calculamos la diferencia entre 24 horas y el período del movimiento diurno de las estrellas, encontramos:

24 horas
−23 horas, 56 min., 4 seg.

3 min., 56 seg.

Las estrellas comienzan la siguiente revolución en los restantes 3 minutos y 56 segundos. Esto trae por consecuencia que cada noche, a la misma hora, una estrella dada no se encuentre en el mismo punto del cielo sino que se encuentre cada vez más alta sobre el horizonte. Esto se puede verificar fácilmente por observación, como a continuación se indica. Si observa una estrella que aparece justo en el horizonte, digamos a las ocho en punto de un viernes en la noche, la siguiente noche a las ocho observará que esta estrella está ligeramente sobre el horizonte. Esto es así ya que la estrella completa su movimiento diurno en poco menos de un día, es decir, a las 7:56 de la noche aproximadamente, y aprovecha entonces los 4 minutos que faltan para las ocho en seguir su movimiento. Así, el martes a las ocho de la noche, la estrella se verá aun más alta sobre el horizonte. Un mes después a las ocho de la noche la estrella se encontrará bastante alta sobre el horizonte. Y tres meses más tarde, a las ocho de la noche, la estrella estará apartada un cuarto de círculo de la región este del horizonte. Al cabo de un año la estrella habrá completado un círculo completo y volverá a verla a las ocho de la noche en la posición inicial en que la vio el primer viernes cuando comenzó la observación.

En este respecto, conviene tratar de recordar si ha hecho alguna observación de esta naturaleza en alguna ocasión aunque tal vez no realizara su significado. Por ejemplo, ¿ha observado alguna vez durante las Navidades las tres estrellas comúnmente llamadas "Los Tres Reyes Magos"? Sin duda alguna ha notado que estas tres estrellas se ven durante este período bien altas sobre el horizonte, casi sobre nuestras cabezas, como a eso de las 9:30 de la noche. Sin embargo, si trata de localizarlas en estos meses del verano, no podrá encontrarlas. Tiene que esperar a que se complete un año, a que vuelvan otra vez las Navidades, para volverlas a ver en la misma posición.

A este movimiento de las estrellas con relación al horizonte del observador, en la dirección de este a oeste, y que tarda un año en repetirse, le vamos a conocer como el *movimiento anual aparente de las estrellas.*

Consideremos nuevamente, con un poco más de detalle, el movimiento diurno de las estrellas. Sabemos que las estrellas parecen moverse en conjunto, como si estuvieran puestas en la superficie interior de una gran esfera o bóveda que girara alrededor de uno de sus diámetros. A esta esfera, donde parecen estar sujetas las estrellas, la vamos a llamar la *esfera celeste.* Si observa el cielo aquí en Puerto Rico en una noche oscura y sin nubes verá que algunas estrellas van apareciendo por el este mientras que otras estrellas van desapareciendo por el oeste. Observará también que el movimiento es más rápido por el este y el oeste y más lento por el norte. Tal parece como si todas las estrellas dieran vueltas alrededor de un punto que se encuentra aproximadamente a una quinta parte de la distancia del horizonte al *cenit*, el punto del cielo que queda directamente encima del observador. (Fig. 16)

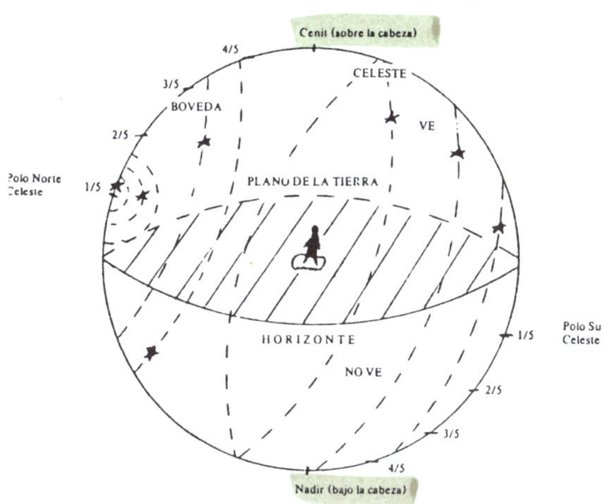

Fig. 16. Movimiento diurno de las estrellas para un observador en *Puerto Rico*

A ese punto que sirve de centro para el movimiento de las estrellas según se observa desde Puerto Rico y el resto del hemisferio norte de la

Tierra se le conoce como el *Polo Norte Celeste* (PNC). Del mismo modo, se llama *Polo Sur Celeste* (PSC) al punto de la esfera celeste que queda opuesto al Polo Norte Celeste y que sirve también de centro para el movimiento de las estrellas según se observa desde el hemisferio sur de la Tierra. Debido a que el Polo Norte Celeste se encuentra sobre la región norte del horizonte en Puerto Rico, el Polo Sur Celeste queda por debajo de la región sur de nuestro horizonte, de modo que no podemos verlo desde aquí. El Polo Sur Celeste está localizado directamente opuesto al Polo Norte Celeste, (Fig. 16), aproximadamente a una quinta parte de la distancia del horizonte al *nadir*, punto del cielo que queda directamente debajo del observador.

Hay una estrella muy cerca del Polo Norte Celeste, aproximadamente a 3/4 de un grado, que parece estar completamente quieta toda la noche. Su círculo de movimiento es tan pequeño que es imperceptible. Esta estrella se conoce como la *Estrella del Norte o Polaris*. (Fig. 16) El nombre de Polaris viene del hecho de que el Polo Norte de la Tierra, si se proyectara, intersectaría el cielo muy cerca de esta estrella. Los habitantes del hemisferio sur de la Tierra ven girar las estrellas alrededor del Polo Sur Celeste pero no hay ninguna estrella en esa localidad.

A la prolongación del eje de la Tierra, esto es, de la línea que pasa por los dos polos terrestres, le vamos a llamar el *eje celeste*. Teóricamente, el eje de la esfera celeste se prolonga una distancia infinita tanto para arriba como para abajo. "Arriba" en este caso significa más allá del Polo Norte Terrestre; "Abajo" significa más allá del Polo Sur Terrestre. El eje terrestre es sólo una minúscula parte del eje celeste. Es evidente que los puntos donde el eje celeste intersecta la esfera celeste son el Polo Norte Celeste y Polo Sur Celeste respectivamente. (Fig. 17)

De la misma manera que anteriormente definimos en el globo terráqueo un Ecuador Terrestre, podemos definir en la esfera celeste un *Ecuador Celeste*. Definimos así el *Ecuador Celeste* como el conjunto de puntos en la esfera celeste que están a la mitad de la distancia entre los polos celestes norte y sur. Para visualizar esto, puede imaginar que el radio del Ecuador de la Tierra se hace inmensamente grande hasta que el círculo coincide con la superficie interior de la esfera celeste. Note que el Ecuador Celeste comparte el mismo plano del Ecuador Terrestre, teniendo los dos círculos el mismo centro. (Fig. 18)

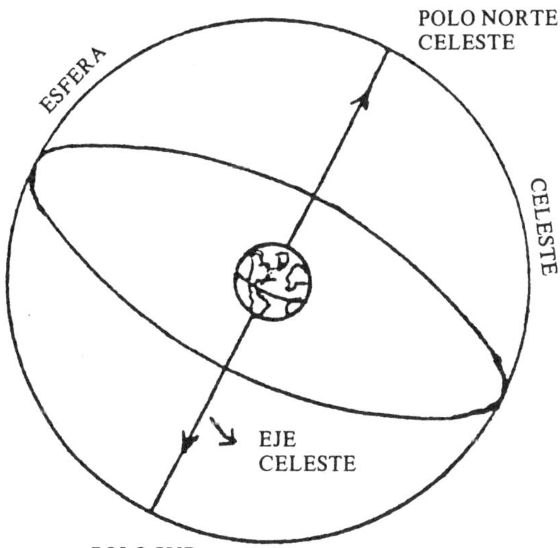

Fig. 17 El eje celeste es la extensión del eje terrestre. El punto donde la parte norte del eje intersecta la esfera celeste es el Polo Norte Celeste. El punto donde la parte sur del eje intersecta la esfera celeste es el Polo Sur Celeste.

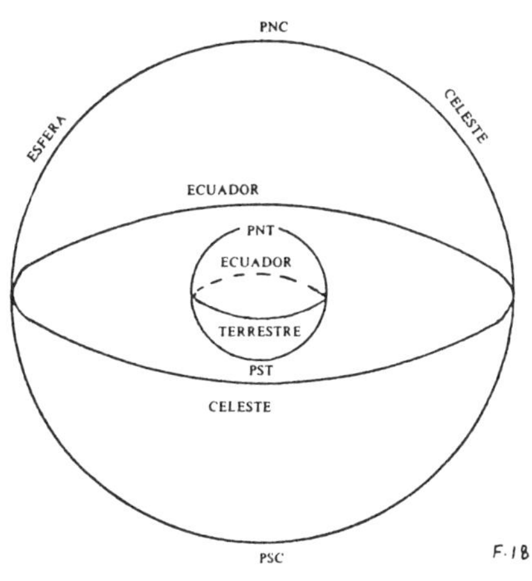

El Ecuador Celeste

Fig. 18

Prueba de Progreso Núm. 3

(1) Considere el movimiento diurno aparente de las estrellas.

(a) ¿Cuál es la dirección de este movimiento? De este a oeste

(b) ¿Cuál es la referencia que se usa al describir este movimiento? Se utiliza el horizonte

(c) ¿Cuál es la duración de este movimiento? 23 horas, 56 minutos y 4 segundos

(2) ¿A qué se refiere el adjetivo "diurno" según se aplica a este movimiento? A que ocurre en alrededor de un día

(3) Considere el movimiento anual aparente de las estrellas.

(a) ¿Cuál es la dirección de este movimiento? De este a oeste

(b) ¿Cuál es la referencia que se usa al describir este movimiento? El horizonte

(c) ¿Cuál es la duración de este movimiento? Un año

(4) ¿A qué se refiere el adjetivo "anual" según se aplica a este movimiento? A que ocurre en un año

(5) ¿A qué se refiere la palabra "aparente" en las preguntas (1) y (3)? A que sólo se sabe mediante observación, no sabemos si sucede en realidad.

(6) Defina los siguientes términos:

(a) horizonte del observador Pág. 19

(b) esfera celeste Pág. 21

(c) cenit Pág. 21

(d) nadir Pág. 22

(e) Polo Norte Celeste (PNC) Págs. 21-22

(f) Polo Sur Celeste (PSC) Pág. 22

(g) Polaris Pág. 22
(h) eje terrestre
(i) eje celeste Pag. 22
(j) Ecuador Celeste Pág. 22

(7) ¿Dónde está localizado el Polo Norte Celeste para un observador en Puerto Rico? ¿Y el Polo Sur Celeste? El PNC es el punto donde la parte norte del eje intersecta la esfera celeste. El PSC es el punto donde la parte sur del eje intersecta la esfera celeste.

(8) Mencione la estrella que sirve de centro para el movimiento de las estrellas según se observa desde el hemisferio norte de la Tierra. La estrella Norte o Polaris.

(9) ¿Cuál es la localización de la estrella Polaris para un observador en Puerto Rico? Muy cerca del Polo Norte Celeste, aproximadamente a 3/4 de un grado.

Determinación de los puntos cardinales de un observador

Si se encuentra de noche y sin luna en algún lugar dado aquí en Puerto Rico y desea orientarse, determinar los puntos cardinales: norte, sur, este y oeste, ¿tiene alguna idea de cómo hacerlo?

Lo primero que hay que hacer es determinar la posición del Polo Norte Celeste, o sea, la posición de la estrella Polaris, aquí en Puerto Rico. Esto se hace observando el movimiento de las estrellas y buscando aquel punto, o aquella estrella, alrededor de la cual todas las otras estrellas parecen moverse. Aquí en Puerto Rico la estrella Polaris se ve muy cerca del horizonte, más o menos a una quinta parte de la distancia del horizonte al cenit. Siendo esta distancia del horizonte al cenit la cuarta parte de un círculo, podemos dividirla en grados desde cero hasta noventa. Se encuentra, si se mide con un instrumento adecuado, que la estrella Polaris está localizada a unos 18 1/2° sobre el horizonte en Puerto Rico. (Fig. 19)

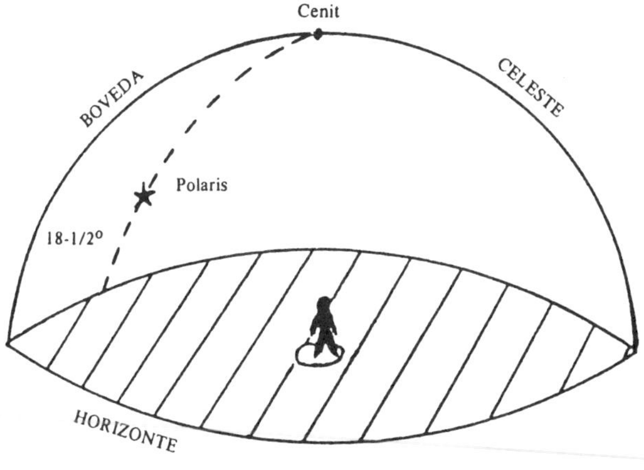

Fig. 19 La estrella Polaris se encuentra a unos 18 1/2° sobre el horizonte para un observador en Puerto Rico.

Luego, para determinar el *punto norte* geográfico simplemente se traza imaginariamente un arco desde el cenit, pasando por la estrella Polaris, hasta el horizonte. El punto donde este arco corta el horizonte es el *punto norte* geográfico. (Fig. 20)

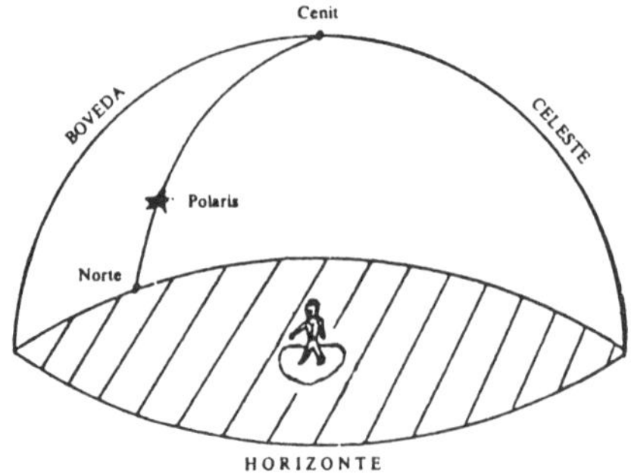

Fig. 20 Determinación del punto cardinal Norte para un observador.

Dirija la mirada hacia atrás, al punto que quede diametralmente opuesto al punto norte o, lo que es lo mismo, a 180° del mismo. Este es el *punto sur* geográfico. Mirando otra vez al punto norte, busque el punto que queda exactamente a la derecha, o sea, a 90° del punto norte. Este es el *punto este* del horizonte. De la misma manera, el punto que queda diametralmente opuesto al punto este o, lo que es lo mismo, a 180° del mismo, es el *punto oeste.* (Fig. 21)

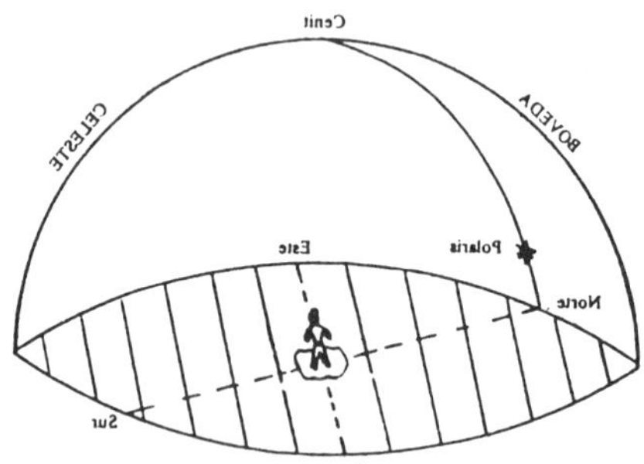

Fig. 21 Determinación de los cuatro puntos cardinales. Observador en Puerto Rico.

Hay que tener presente que los puntos cardinales están localizados en el horizonte del observador, es decir, en la Tierra, y no en la bóveda celeste.

Tomemos otro ejemplo. Considere el caso de un observador en el hemisferio norte de la Tierra quien ve a Polaris a 60° sobre su horizonte, como se ilustra en la figura 22. ¿Podría localizar sus puntos cardinales?

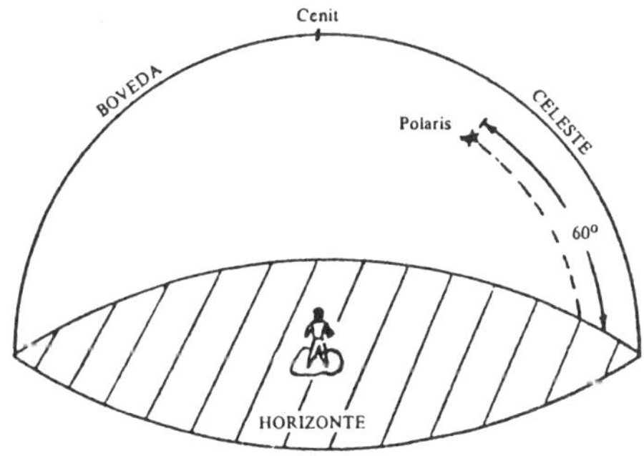

Fig. 22 La estrella Polaris se encuentra a 60° sobre el horizonte de este observador.

El diagrama obtenido debe ser similar a este próximo.

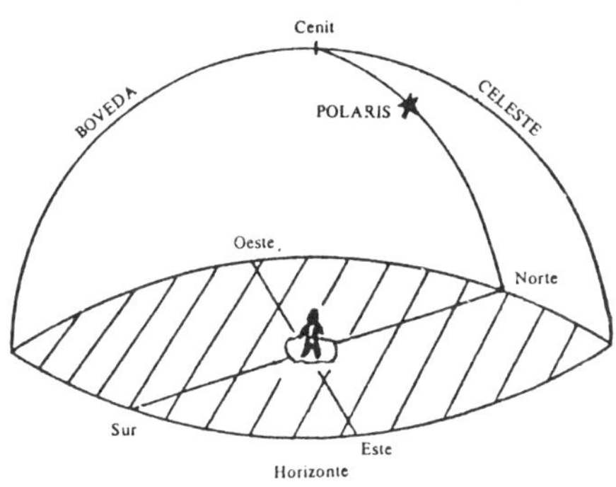

Fig. 23 Determinación de los cuatro puntos cardinales para un observador dado en el hemisferio norte de la Tierra

Un observador en el hemisferio sur de la Tierra debe seguir, en principio, las mismas instrucciones para localizar sus puntos cardinales. La única diferencia radica en que este observador debe primero localizar la posición del Polo Sur Celeste en vez de la posición del Polo Norte Celeste (Polaris), el cual queda invisible para él. Esta posición la puede determinar observando también el movimiento de las estrellas y buscando aquel punto en la bóveda celeste alrededor del cual todas las demás estrellas parecen dar vueltas. (Fig. 24)

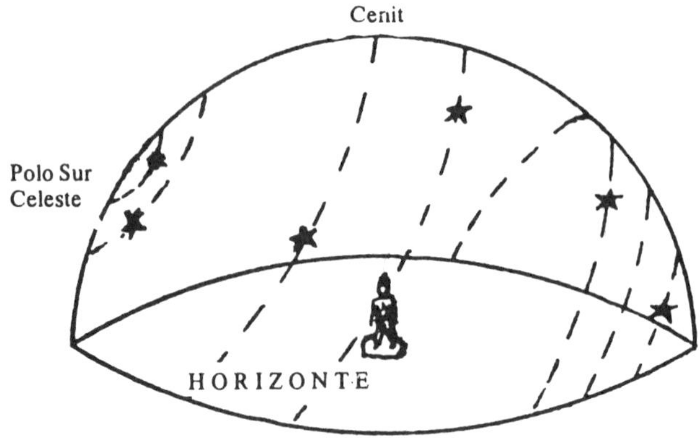

Fig. 24 Movimiento de las estrellas para un observador dado en el hemisferio sur de la Tierra. Latitud 45°S aproximadamente.

Una vez determinada la posición del Polo Sur Celeste, el observador puede determinar la posición del punto sur geográfico y demás puntos cardinales de manera análoga a como hizo en el caso anterior para el punto norte y demás puntos cardinales. (Fig. 25)

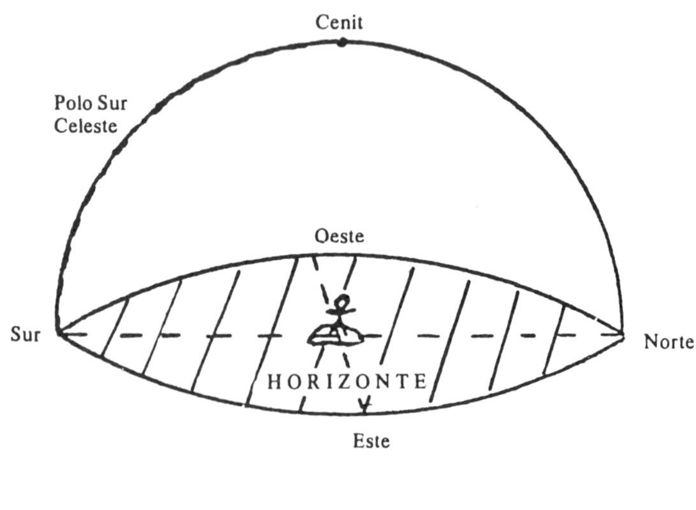

Fig. 25 Determinación de los cuatro puntos cardinales para un observador dado en el hemisferio sur de la Tierra.

Prueba de Progreso Núm. 4

(1) Considere un observador dado y su horizonte. Asuma que Polaris se encuentra a la mitad de la distancia del horizonte al cenit, es decir, a 45° sobre el horizonte de este observador. Haga un diagrama y localice los puntos cardinales para este observador.

(2) Considere un observador que ve a Polaris en su cenit. Haga un diagrama y localice los puntos cardinales para este observador.

(3) Considere un observador para quien el Polo Sur Celeste se encuentra a 75° sobre su horizonte. Haga un diagrama y localice los puntos cardinales para este observador.

Relación entre la altura del polo celeste visible (norte o sur) correspondiente y la latitud del observador

Veamos lo que se entiende cuando se habla de la *altura* de un cuerpo celeste. Examine el siguiente diagrama. (Fig. 26)

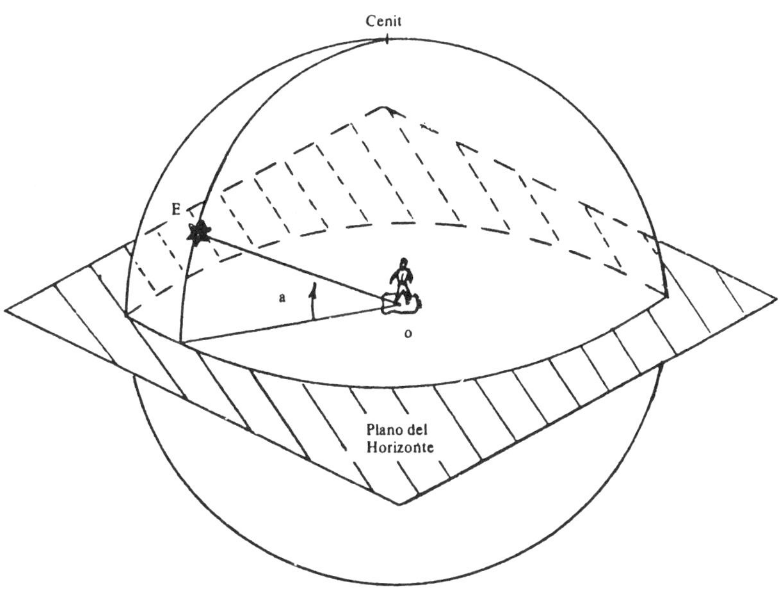

Fig. 26 **La altura de la estrella *E* respecto al observador *o* está dada por el ángulo *a*.**

Sea E una estrella dada y O un observador. Se define la *altura* de la estrella E respecto al observador O como el ángulo a entre una recta que sale desde la posición del observador hasta la estrella y otra recta que sale desde la posición del observador hasta el horizonte. Verá que cuando la estrella está cerca del horizonte la altura es pequeña. Cuando la estrella está en el cenit del observador, la altura es de noventa grados (90°).

Anteriormente mencionamos que la Tierra es prácticamente una esfera. Esto trae como consecuencia una variación en la altura del polo celeste visible, variación que resulta proporcional a la posición del observador relativa al Ecuador Terrestre. Esto es, según nos movemos sobre la superficie de la Tierra hacia el norte o hacia el sur del Ecuador Terrestre, encontramos que la altura del polo celeste visible norte o sur correspondiente aumenta.

Se encuentra que la relación entre la latitud del observador y la altura del polo celeste visible correspondiente consiste en lo siguiente:

Latitud en cualquier lugar del hemisferio norte de la Tierra	=	altura de la estrella Polaris en el mismo lugar.
Latitud en cualquier lugar del hemisferio sur de la Tierra	=	altura del Polo Sur Celeste en el mismo lugar.

Por ejemplo, un observador en la latitud 35°N ve la estrella Polaris a una altura de 35° sobre el punto norte del horizonte. Un observador en la latitud 80°N ve la estrella Polaris a una altura de 80° sobre el punto norte del horizonte. Similarmente, un observador en la latitud 25°S tiene el Polo Sur Celeste a una altura de 25° sobre el punto sur de su horizonte.

Para entender mejor esta relación entre la latitud del observador y la altura del polo celeste visible correspondiente, conviene estudiar con cuidado los diagramas a continuación. (Figs. 27, 28 y 29).

PNC = Polo Norte Celeste
PSC = Polo Sur Celeste
PNT = Polo Norte Terrestre
PST = Polo Sur Terrestre

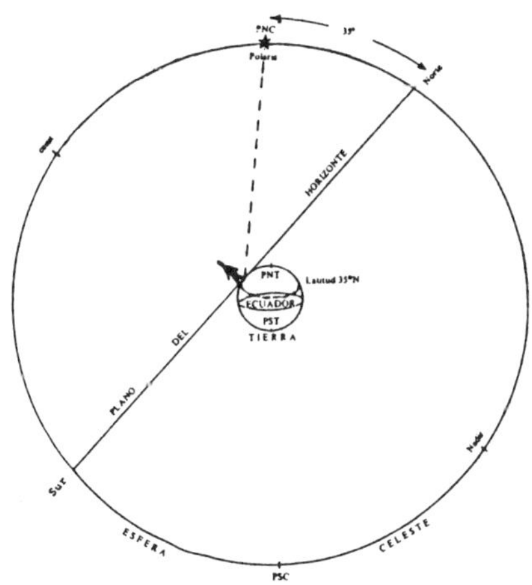

Fig. 27 **Un observador en la latitud 35°N tiene a Polaris a 35° sobre el punto norte de su horizonte.**

PNC = Polo Norte Celeste
PSC = Polo Sur Celeste
PNT = Polo Norte Terrestre
PST = Polo Sur Terrestre

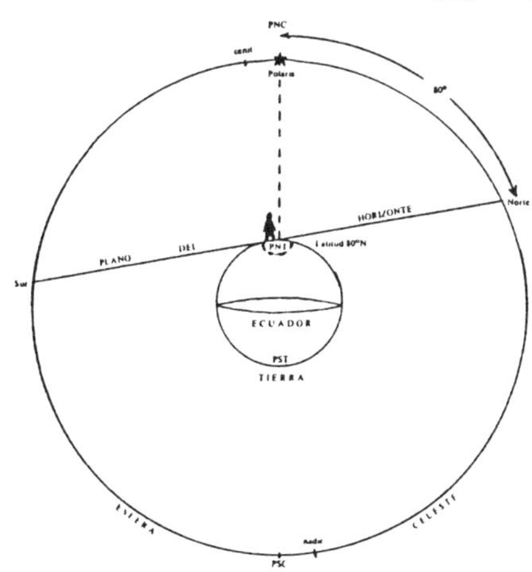

Fig. 28 **Un observador en la latitud 80°N tiene a Polaris a 80° sobre el punto norte de su horizonte.**

PNC= Polo Norte Celeste
PSC = Polo Sur Celeste
PNT= Polo Norte Terrestre
PST = Polo Sur Terrestre

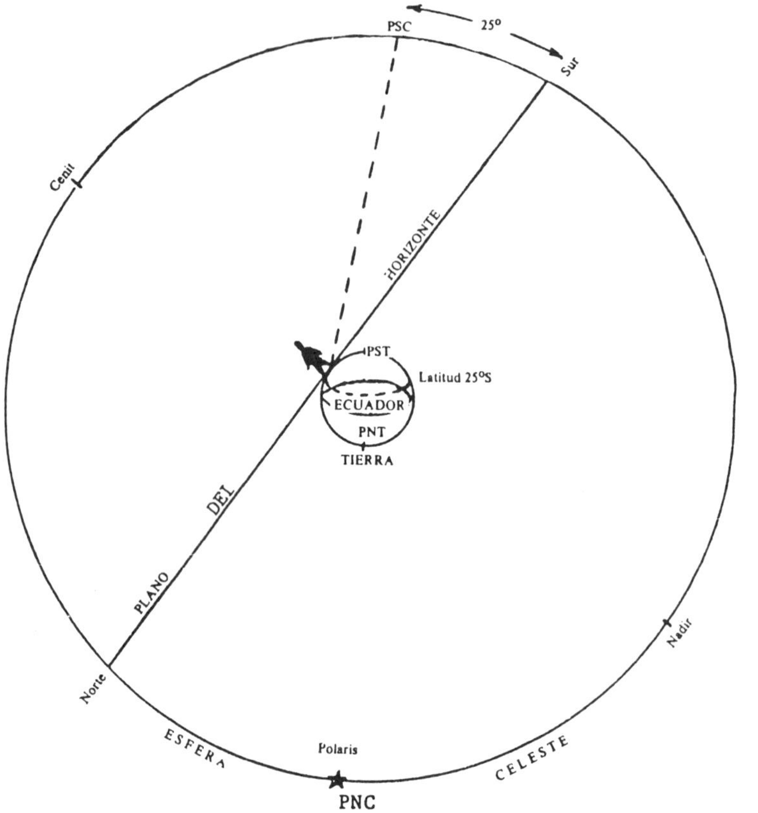

Fig. 29 **Un observador en la latitud 25° S tiene el Polo Sur Celeste a 25° sobre el punto sur de su horizonte.**

Prueba de Progreso Núm. 5

(1) Examine los siguientes diagramas y llene los blancos correspondientes para cada observador.

PRUEBA DE PROGRESO NUM. 5

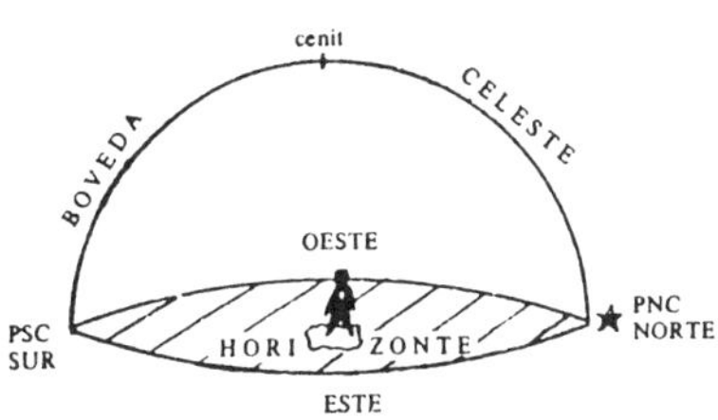

Altura de Polaris
sobre el punto Norte = ____________
del horizonte

Latitud del observador = ________

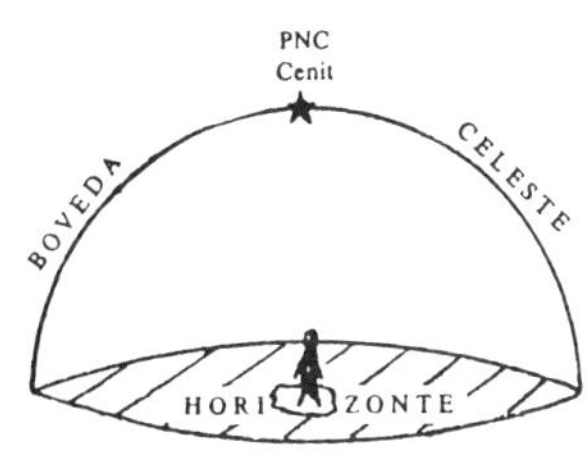

Altura de Polaris
sobre el horizonte = ____________

Latitud del observador = ________

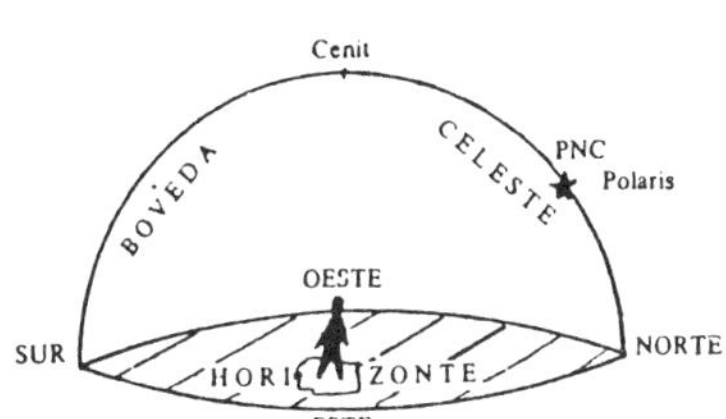

Altura de Polaris
sobre el punto Norte
del horizonte = ____________

Latitud del observador = ________

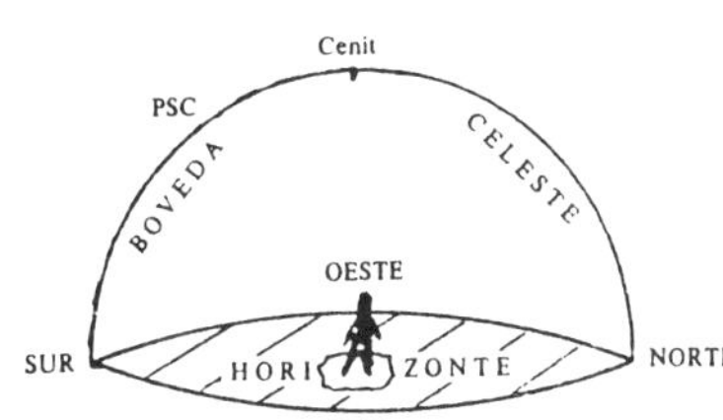

Altura del Polo Sur Celeste
sobre el punto Sur del
horizonte = ____________

Latitud del observador = ________

(2) Considere un observador en cada una de las siguientes latitudes:

latitud 18° N   latitud 90° N   latitud 0°   latitud 52° N

Para cada observador, haga un diagrama donde muestre los siguientes:

a) el observador y su horizonte
b) bóveda celeste
c) cenit
d) polo celeste visible
e) Polaris (si es visible)
f) puntos cardinales

Estrellas circumpolares

Consideremos nuevamente el movimiento de las estrellas respecto al horizonte del observador y, en particular, el movimiento diurno de las estrellas. Anteriormente explicamos que todas las estrellas parecen moverse alrededor de la Tierra, como si estuvieran en la superficie de una esfera, a la cual llamamos la esfera celeste, la cual gira alrededor de un eje que pasa por los polos celestes. Este movimiento, mediante la relación que existe entre la latitud del observador y la altura del polo celeste visible, tiene como consecuencia el que para un observador en cualquier latitud dada algunas estrellas salen y se ponen mientras que otras estrellas están continuamente sobre el horizonte. A estas estrellas que están continuamente sobre el horizonte del observador, que ni salen ni se ponen jamás, se les conoce como *estrellas circumpolares.* Las estrellas circumpolares o, lo que es lo mismo, estrellas cerca del Polo, pueden verse todas las noches del año, cuando el tiempo atmosférico así lo permite. Sería posible verlas durante el día también si no fuera por la interferencia del Sol, cuya luz tan brillante hace imposible distinguir la débil luz de las estrellas.

El número de estrellas circumpolares visibles para un observador dado depende en gran manera de la latitud del observador, aumentando este número según aumenta la latitud del observador, o sea, la distancia a que el observador se encuentra del Ecuador Terrestre. Así tenemos que, para un observador en la latitud 18 1/2° N, como es el caso de Puerto Rico, las estrellas de la "Cacerola" o Ursa Mayor *no* son circumpolares sino que salen y se ponen, permaneciendo bajo el horizonte parte del tiempo. Sin embargo, para un observador en la latitud 40° N, por ejemplo, las estrellas de la "Cacerola" son circumpolares.

Considere el siguiente ejemplo. Imagine un observador en la latitud 30° N y su horizonte. (Fig. 30).

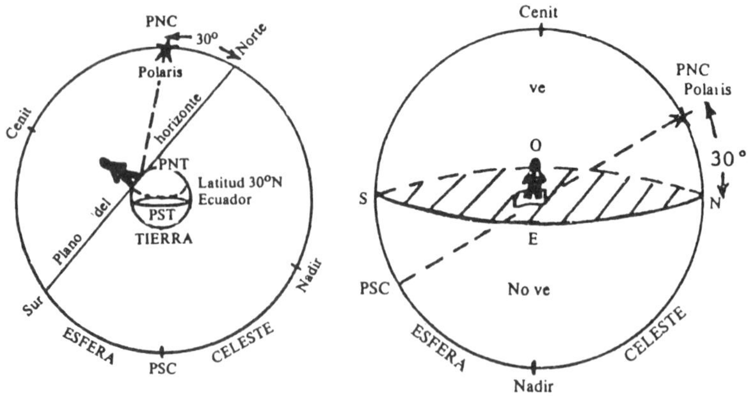

(a) Observador en la latitud 30° N

(b) Desde su punto de vista, el observador se encuentra en el centro de la esfera celeste. Vista del cielo para este observador.

Fig. 30 Un observador en la latitud 30° N

¿Podría describir el movimiento diurno de las estrellas para este observador? ¿Podría dibujar los círculos del movimiento diurno de las estrellas? Si ha comprendido bien el material, el diagrama obtenido posiblemente se asemeje a la figura 31 a continuación.

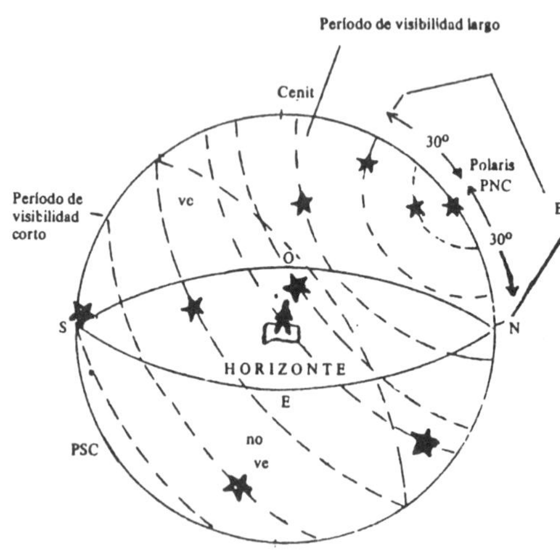

Fig. 31 Movimiento diurno de las estrellas para un observador en la latitud 30° N

Según el diagrama, las estrellas que quedan a una distancia angular de 30° de Polaris son las estrellas circumpolares para este observador. Estas estrellas completan su círculo diurno sobre el horizonte del observador. Por tanto, jamás salen o se ponen, sino que están continuamente sobre el horizonte del observador. Todas las otras estrellas, las que quedan más allá de este círculo cuyo radio angular es de 30°, salen y se ponen, salen por la región este del horizonte y se ponen por la región oeste del horizonte, y su período de visibilidad, o sea, el tiempo que permanecen sobre el horizonte, depende de su distancia de la estrella Polaris (PNC). Así tenemos que aquellas estrellas que están más cerca del círculo de visibilidad perpetua, o sea, de este círculo de radio angular de 30° alrededor de Polaris en este caso, permanecen sobre el horizonte la mayor parte del tiempo. A su vez, las que quedan más lejos del círculo de visibilidad perpetua permanecen sobre el horizonte la menor parte del tiempo.

Consideremos otro ejemplo. Imagine un observador situado en la latitud 50° N y su horizonte. (Fig. 32)

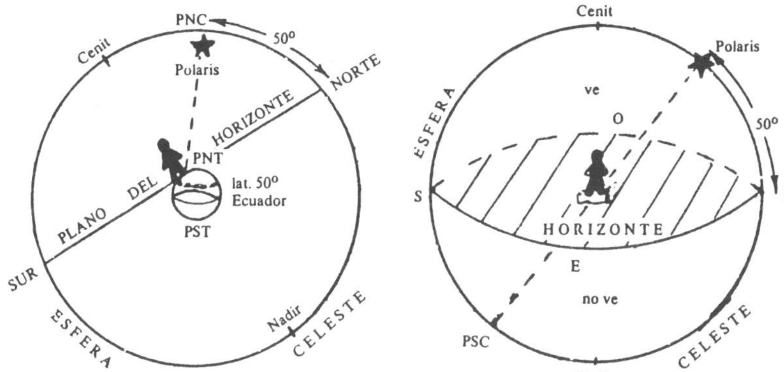

(a) Observador en la latitud 50° N

(b) Desde su punto de vista, el observador se encuentra en el centro de la esfera celeste. Vista del cielo para este observador.

Fig. 32 Un observador en la latitud 50° N

¿Podría dibujar los círculos correspondientes al movimiento diurno de las estrellas para este observador? Examine la figura 33 a continuación y compare el diagrama que ha dibujado con éste.

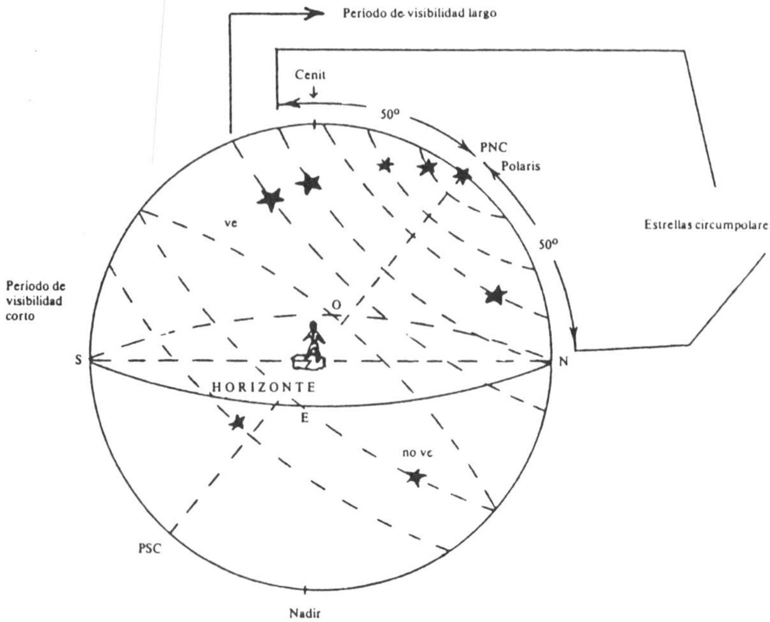

Fig. 33 **Movimiento diurno de las estrellas para un observador en la latitud 50º N.**

Observe en esta figura que todas las estrellas a una distancia angular de 50° de Polaris son circumpolares para este observador y que este observador tiene más estrellas circumpolares que el observador en la latitud 30º N.

Es evidente entonces que hay estrellas que pueden verse todas las noches del año, las estrellas circumpolares; y hay estrellas que están sobre el horizonte parte del tiempo nada más, completando el resto de su movimiento bajo el horizonte del observador. En este respecto, conviene señalar que es muy sencillo llegar uno a familiarizarse con muchas de las estrellas brillantes y constelaciones conocidas. En realidad, no es necesario buscarlas por todo el cielo. Es suficiente con trazar un círculo *imaginario* a través del cielo y observar las constelaciones cuando se acercan a, o cruzan, este círculo. Para este propósito, el círculo más conveniente que podemos usar es el llamado *Meridiano Celeste Local.* Este círculo pasa por el cenit, nadir y los puntos norte y sur del horizonte del observador. (Fig. 34)

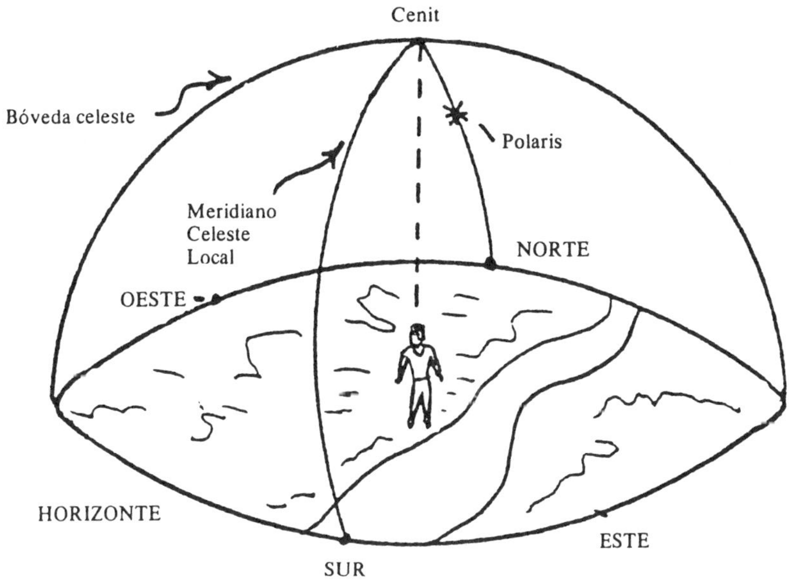

Fig. 34 El Meridiano Celeste Local

El Meridiano Celeste Local también pasa por Polaris, la estrella del Norte, para los habitantes del hemisferio norte de la Tierra. Note que la mitad del meridiano celeste está por sobre el horizonte del observador y la otra mitad está por debajo del horizonte. Si observamos las estrellas a una hora dada, digamos a las 8:30 P.M., en un día dado de un mes, encontramos al cabo de un año que todas las estrellas en la esfera celeste han desfilado por este arco del cielo.

Prueba de Progreso Núm. 6

(1) ¿Qué se entiende por estrellas circumpolares?

(2) ¿De qué depende el número de estrellas circumpolares que son visibles para un observador? ¿Podría mencionar un ejemplo donde se ilustre esta relación?

(3) Indique cuáles estrellas son circumpolares para un observador en las siguientes latitudes:

(a) latitud 90° N
(b) latitud 90° N
(c) latitud 45° N
(d) latitud 10° S
(e) latitud 0°

(4) De las latitudes incluídas en la pregunta (3), escoja aquélla(s) en la(s) cual(es) el observador tiene mayor cantidad de estrellas circumpolares. Justifique su contestación.

(5) De las latitudes incluídas en la pregunta (3), escoja aquélla en la cual el observador tiene menor número de estrellas circumpolares. Justifique su contestación.

(6) ¿Qué se entiende por el meridiano celeste local?

(7) ¿Qué utilidad tiene el meridiano celeste local?

Efecto de la latitud del observador en la apariencia del cielo

Anteriormente consideramos la relación entre la latitud del observador y la altura del polo celeste visible correspondiente. Como consecuencia de esta relación, resulta que los movimientos diurnos de los cuerpos celestes, referidos al horizonte, parecen diferentes según se observan desde diferentes latitudes.

Para comprender esto mejor, considere este caso. Imagine un observador en la latitud 40° N y su horizonte. (Fig. 35)

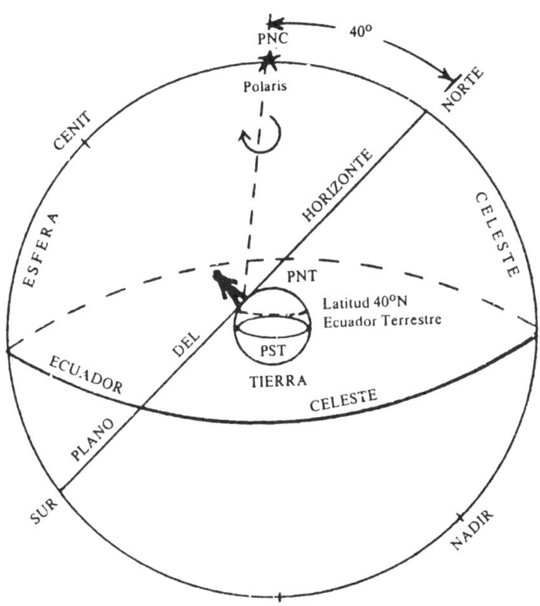

Fig. 35 Un observador en la latitud 40° N

Observe que Polaris queda a una altura de 40° sobre el punto norte del horizonte. De noche, este observador ve las estrellas moverse en conjunto alrededor de Polaris, como se indica. (Fig. 35)

Consideremos nuevamente al observador en sí, olvidándonos del globo terráqueo. Piense que vamos a enderezar el diagrama (Fig. 35), ya que todo observador en el globo terrestre se siente en posición vertical, teniendo la impresión de estar en el centro de la bóveda celeste. Así obtenemos la figura 36.

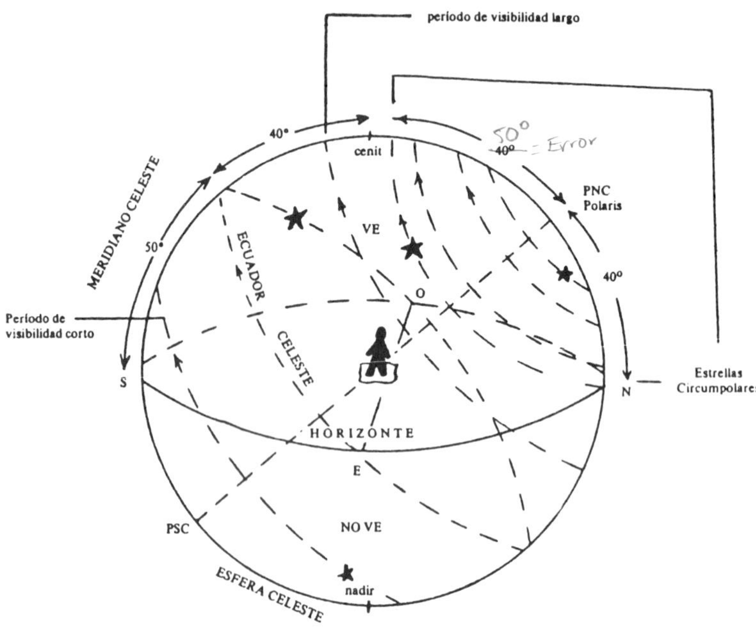

Fig. 36 Movimiento diurno de las estrellas para un observador en la latitud 40° N.

Todas las estrellas a una distancia angular de 40° de Polaris son circumpolares para este observador. Más allá de este círculo de visibilidad perpetua, las estrellas salen y se ponen, siendo su período de visibilidad más corto a medida que se encuentran a mayor distancia de Polaris.

Señalemos la posición del círculo del ecuador celeste. El ecuador celeste intersecta el meridiano celeste a una distancia angular de 40° al sur del cenit. (Fig. 36) Esto es así ya que el ecuador celeste, por definición, es un círculo máximo en la esfera celeste, el cual es perpendicular a la línea que pasa por los polos celestes, o sea, al eje celeste. Debido a que el observador se encuentra en la latitud 40° N. y, por tanto, tiene a Polaris a una altura de 40° sobre el punto norte del horizonte, resulta que el ecuador celeste, por definición, para que quede perpendicular al eje celeste y equidistante de los polos celestes, tiene que intersectar el meridiano celeste a 40° al sur del cenit, para este observador. (Fig. 37)

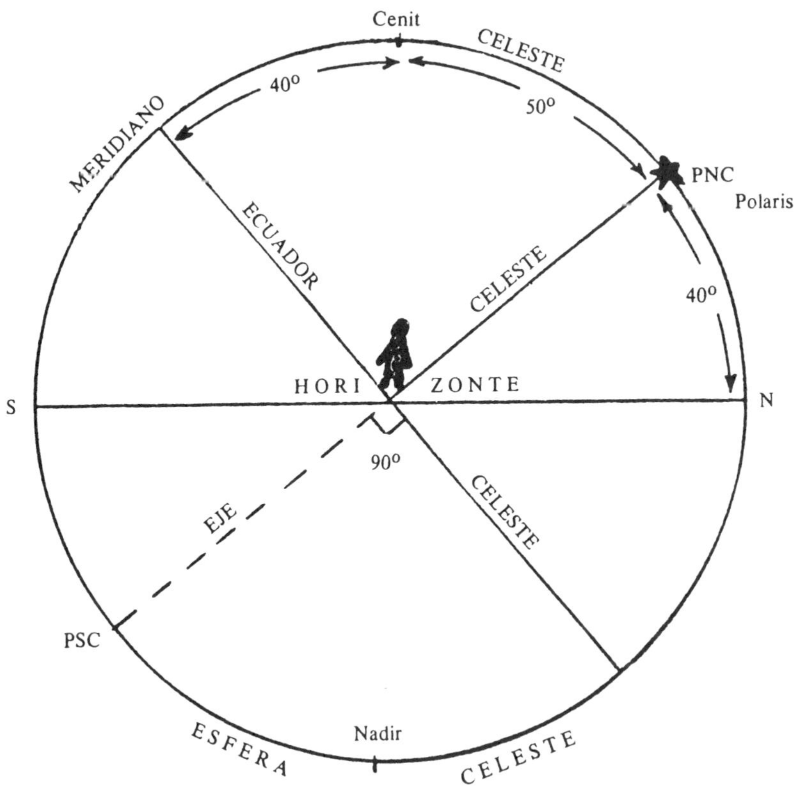

Fig. 37 **El Ecuador Celeste intersecta al Meridiano Celeste a 40° al sur del cenit para un observador en la latitud 40° N.**

En general, la intersección del ecuador celeste y el meridiano celeste está siempre separada del cenit por un ángulo cuya medida es igual a la latitud del observador. Es importante señalar también que el ecuador celeste, por definición, intersecta el horizonte del observador en los puntos cardinales este y oeste. (Fig. 36)

Considere nuevamente los círculos del movimiento diurno de las estrellas. (Fig. 36) Estos círculos, donde incluímos sin lugar a dudas el círculo del ecuador celeste, cortan el horizonte del observador a un ángulo de 50°. Esto es así ya que, aunque la distancia en grados del horizonte al cenit es de 90°, debido a que el ecuador celeste intersecta el meridiano celeste a 40° al sur del cenit en este caso, resulta que la inclinación del ecuador celeste respecto al horizonte está dada por la diferencia de 90° — 40° o, lo que es lo mismo, 50°. Como los círculos del movimiento diurno de las estrellas son paralelos, todos tienen la misma inclinación, respecto al horizonte, que tiene el ecuador celeste, es decir, 50°. Podemos expresar esta relación de la siguiente manera:

Inclinación del movimiento diurno de las estrellas (ecuador celeste incluído) respecto al horizonte del observador	= 90° — latitud del observador

Examinemos ahora el caso de un observador situado en la latitud 90° N, es decir, en el Polo Norte Terrestre. (Fig. 38)

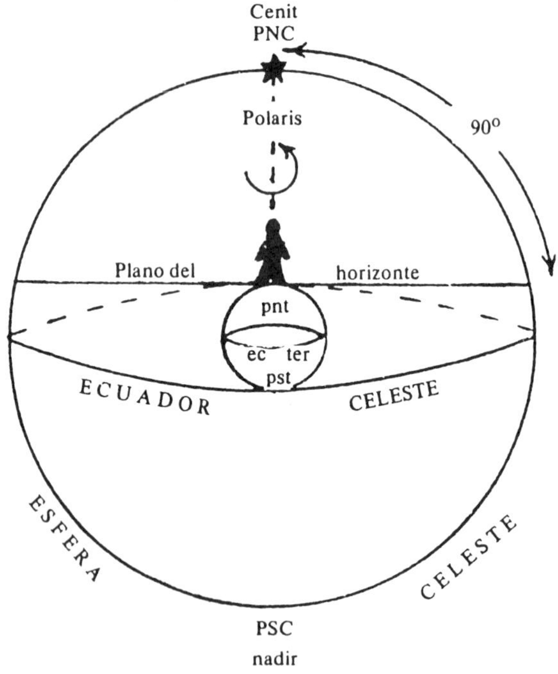

Fig. 38 Un observador en el Polo Norte Terrestre

Polaris queda justo en el cenit de este observador. Por tanto, para este señor, las estrellas se mueven en conjunto alrededor de Polaris en la dirección indicada en el diagrama. Note que el ecuador celeste y el horizonte prácticamente coinciden.

Para ilustrar el movimiento de las estrellas, conviene, al igual que hicimos en el caso anterior, considerar al observador en el centro de la esfera celeste y olvidarnos del globo terráqueo. En realidad, estamos justificados al hacer esto ya que nuestro planeta Tierra es prácticamente un punto en comparación con la esfera celeste y, como hemos discutido anteriormente, todos los observadores tienen la impresión de estar en el centro de esta esfera. De esta manera, obtenemos la figura 39.

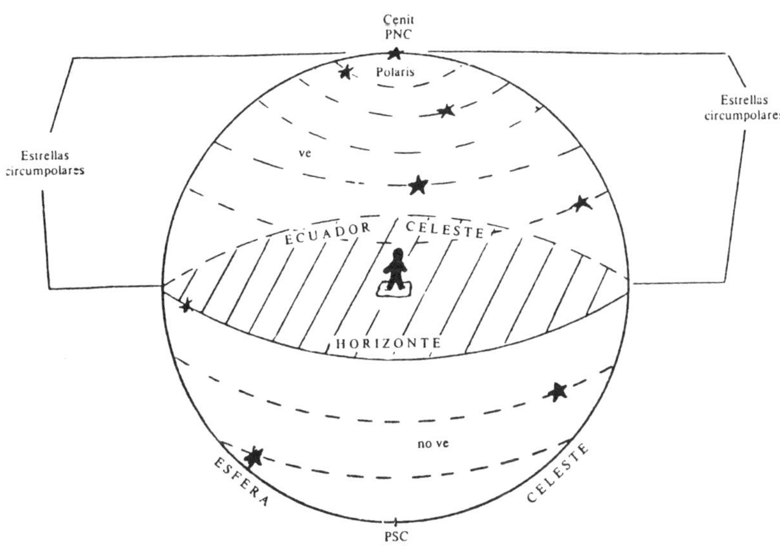

Fig. 39 **Movimiento diurno de las estrellas para un observador en la latitud 90° N.**

Todas las estrellas a una distancia angular de 90° de Polaris son circumpolares, o sea, todas las estrellas sobre el horizonte son visibles para este observador. Este señor ve la mitad de las estrellas en la esfera celeste y las ve todo el tiempo. Las estrellas en la otra mitad de la esfera celeste no las ve porque no cruzan éstas el horizonte, sino que completan sus círculos diurnos bajo el horizonte. Los círculos diurnos de las estrellas, (Fig. 39), quedan paralelos al horizonte el cual a su vez, en este caso, coincide con el ecuador celeste. Así tenemos que la inclinación de los círculos del movimiento diurno de las estrellas respecto al horizonte es de 90° — 90°, o sea, 0°. Cabe señalar que, de acuerdo a la manera como hemos definido los puntos cardinales, el observador no tiene puntos cardinales ya que Polaris está situada justo en su cenit. La definición de puntos cardinales resulta así inoperante en este caso.

Para terminar, examinemos ahora el caso de un observador en la latitud 0°, es decir, en el Ecuador Terrestre. (Fig. 40)

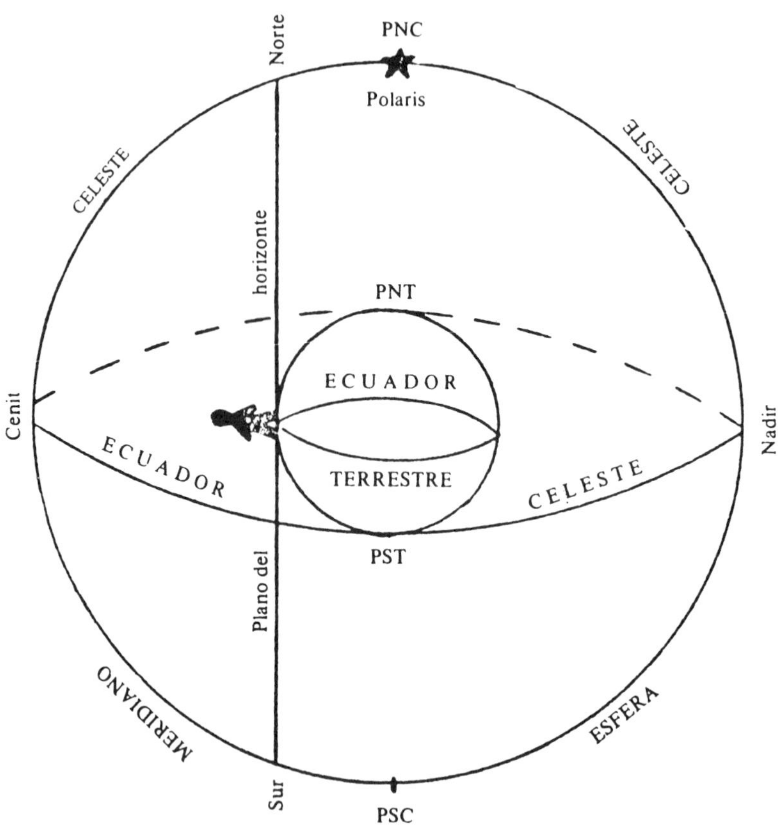

Fig. 40 **Un observador en la latitud 0°**

Si consideramos el tamaño de la Tierra como un punto en comparación con la esfera celeste, vemos que los polos celestes quedan justamente en el horizonte del observador. Para este observador, Polaris (PNC) marca el punto norte del horizonte y el Polo Sur Celeste marca el punto sur del horizonte. El ecuador celeste intersecta el meridiano celeste justo en el cenit del observador, es decir, a 0° del cenit. Si ponemos ahora la figura 40 al derecho y consideramos al observador en sí, olvidándonos del globo terráqueo, nos resulta entonces la figura 41.

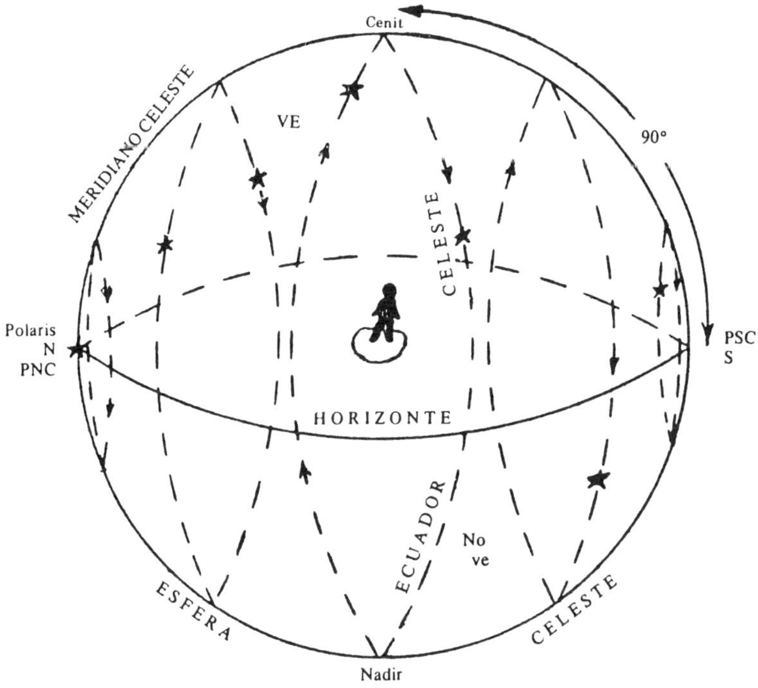

Fig. 41 Movimiento diurno de las estrellas para un observador en la latitud 0°.

Los círculos del movimiento diurno, el ecuador celeste incluído, quedan perpendiculares al horizonte de este observador. En otras palabras, la inclinación de los círculos diurnos respecto al horizonte del observador es de 90° — 0°, o sea, 90°. Este observador ve *todas* las estrellas y las ve durante la mitad de su recorrido. Por tanto, este observador *no* tiene estrellas circumpolares. Todas las estrellas salen y se ponen para él.

Prueba de Progreso Núm. 7

1) Considere un observador en cada una de las siguientes latitudes: 18 1/2° N, 66 1/2° N, 45° S, 90° S. *Para cada una de éstas,* haga un diagrama donde muestre los siguientes:

(a) esfera celeste
(b) observador y su horizonte
(c) cenit y nadir
(d) Polo Norte Celeste, Polaris y Polo Sur Celeste
(e) ecuador celeste
(f) puntos cardinales
(g) meridiano celeste
(h) círculos de movimiento diurno de las estrellas
(i) dirección del movimiento diurno de las estrellas
(j) inclinación de los círculos de movimiento diurno de las estrellas respecto al horizonte del observador
(k) estrellas circumpolares

Movimiento del sol

¿Qué observaciones ha hecho del sol? Debe haber observado que el sol sale por la región este del horizonte todas las mañanas, describe durante el día un arco en el cielo y luego se oculta en las tardes por la región oeste del horizonte. A este movimiento del sol, en la dirección de este a oeste con respecto al horizonte del observador y que tarda un período de 24 horas en repetirse, le vamos a conocer como el *movimiento diurno* del sol. El sol comparte el movimiento diurno de la esfera celeste, regulando así todas nuestras actividades ya que en todas partes del mundo y en todas las estaciones del año, nuestros relojes marcan las 12:00 meridiano cuando el sol está aproximadamente situado en el meridiano celeste.

Además de este movimiento diurno respecto al horizonte que podemos observar de un día para otro, el sol parece tener otro movimiento respecto a las estrellas. Trate de observar la región este del cielo en dos días sucesivos poco después de ponerse el sol. Puede observar en vez, si así lo desea, la región oeste del cielo en la madrugada, poco antes de salir el sol. Lo más seguro es que no observe ninguna diferencia en la apariencia de esa región del cielo de un día para otro. Trate de continuar sus observaciones todas las tardes (o todas las mañanas) durante varias semanas. Fíjese, a una misma hora, en una estrella o constelación particular. Se dará cuenta de que la estrella o constelación que está observando está cada vez más alta en el cielo a la misma hora. Es conveniente mencionar otra vez el caso de las tres estrellas comúnmente conocidas como los "Tres Reyes Magos". A principios de año, estas estrellas se pueden ver bajas por el horizonte este poco después de ponerse el sol. Tres meses más tarde, y a la misma hora, nos es necesario mirar hacia el meridiano celeste para observarlas. Por último, al cabo de seis meses, a la misma hora, vemos a los "Tres Reyes Magos" ocultarse junto con el sol. Al cabo de un año, el ciclo se repite. (Fig. 42)

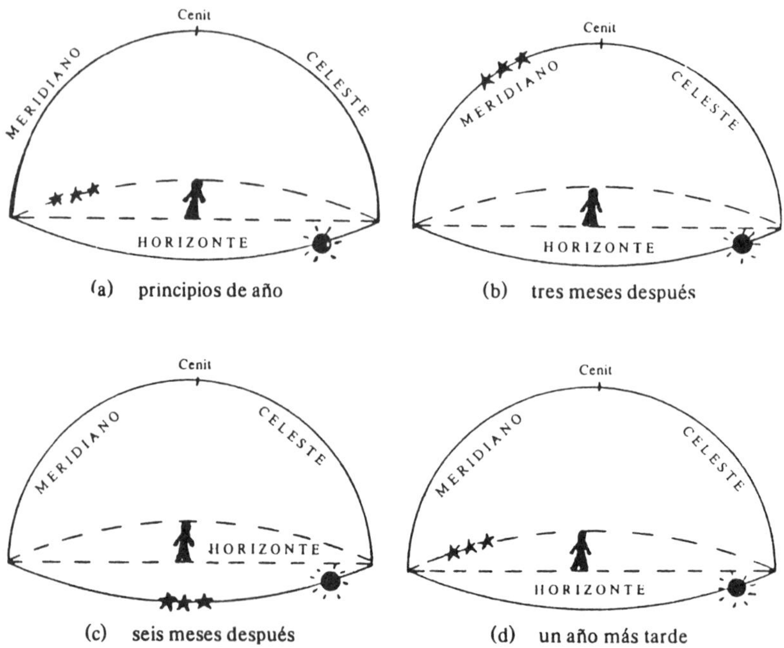

Fig. 42 **Posición de las estrellas conocidas como los "Tres Reyes Magos" respecto al sol a una misma hora en cuatro distintas ocasiones durante el transcurso de un año.**

Tal parece como si las estrellas se movieran hacia el oeste respecto al sol de modo que cada grupo de estrellas le alcanza y le deja atrás cada año.

Podemos describir también este movimiento tomando como referencia el marco de las estrellas. ¿Cómo es la descripción en este caso? Posiblemente esté de acuerdo si decimos que el sol parece moverse hacia el este respecto a las estrellas, que el sol parece que se va quedando atrás cada día más respecto a las estrellas. (Fig. 43)

Fig. 43 **Posición del sol respecto a las estrellas conocidas como los "Tres Reyes Magos" a una misma hora en cuatro distintas ocasiones durante el transcurso de un año.**

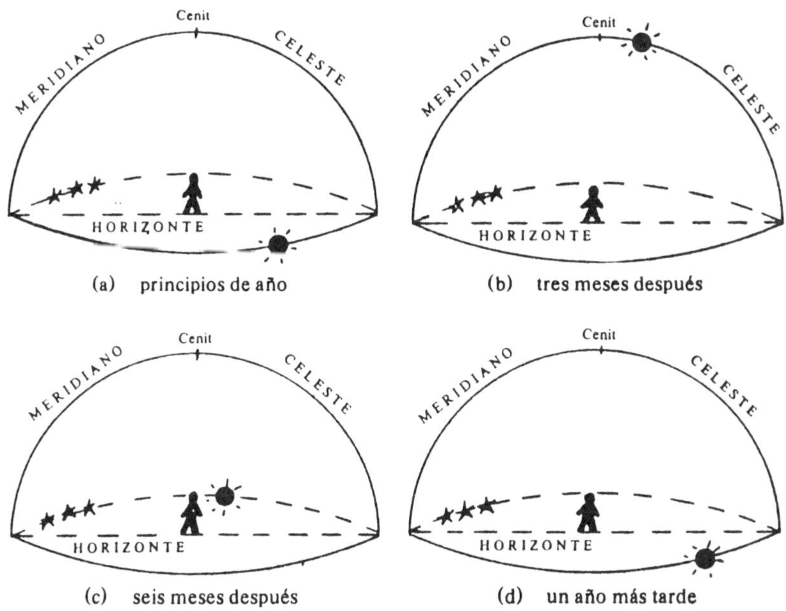

Se entiende más fácilmente de esta manera. Considere una persona caminando hacia la derecha por una carretera, como se indica. (Fig. 44)

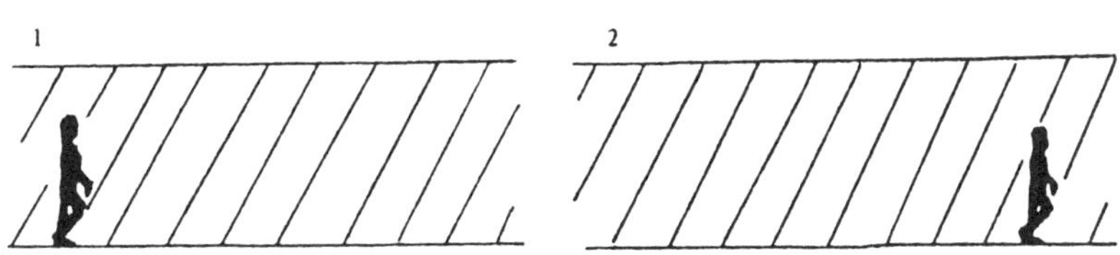

Fig. 44 **Una persona caminando hacia la derecha por una carretera. Posición de la persona respecto a la carretera en dos instantes de tiempo sucesivos.**

Si tomamos la *carretera como marco de referencia*, podemos decir que la *persona se mueve hacia la derecha respecto a la carretera*. Ahora, si tomamos como *marco de referencia a la persona*, entonces se hace necesario decir que la *carretera se mueve hacia la izquierda relativo a la persona.* (Fig. 45)

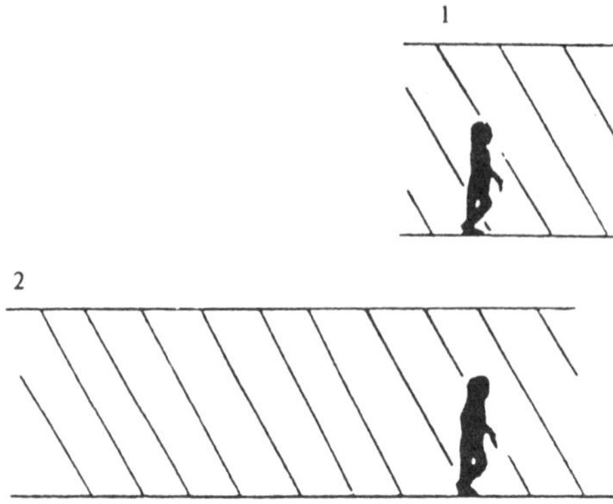

Fig. 45 **La carretera se mueve hacia la izquierda respecto a la persona. Posición de la carretera respecto a la persona en dos instantes de tiempo sucesivos.**

Lo mismo sucede en el caso del sol y las estrellas. Si tomamos como marco de referencia al sol, entonces decimos que las estrellas se mueven hacia el oeste respecto al sol completando una vuelta en el transcurso de un año. Si tomamos como marco de referencia las estrellas, entonces decimos que es el sol el que se mueve hacia el este relativo a las estrellas completando una vuelta en el transcurso de un año. Se trata entonces de un movimiento relativo entre el sol y las estrellas. Sabemos que las estrellas están relativamente estacionarias, que guardan posiciones permanentes unas respecto a las otras y se extienden por toda la superficie del cielo. Por este motivo, podemos considerar a las estrellas como un marco de referencia excelente para observar los movimientos del sol, de la luna y de los planetas. Así, si referimos el movimiento relativo entre el sol y las estrellas al marco de referencia de las estrellas, en vez de decir que las estrellas se mueven hacia el oeste respecto al sol, decimos que el sol se mueve hacia el este entre las estrellas de tal manera que completa una vuelta alrededor de la esfera celeste en un año. A este movimiento del sol relativo a las estrellas, en la dirección de oeste a este y que tiene un período de duración de un año le vamos a llamar el *movimiento directo del sol.*

En resumen el sol parece tener dos movimientos: un movimiento respecto al horizonte en la dirección de este a oeste que tarda un día en completarse (movimiento diurno) y un movimiento respecto a las estrellas en la dirección de oeste a este que tarda un año en completarse (movimiento directo)

Si tiene todavía alguna dificultad al tratar de visualizar estos movimientos del sol, considere el siguiente ejemplo. Imagine una machina de caballitos dando vueltas, relativo a la caseta donde se venden los boletos de entrada (taquilla), en una dirección dada. (Fig. 46). La machina da una vuelta cada 15 segundos.

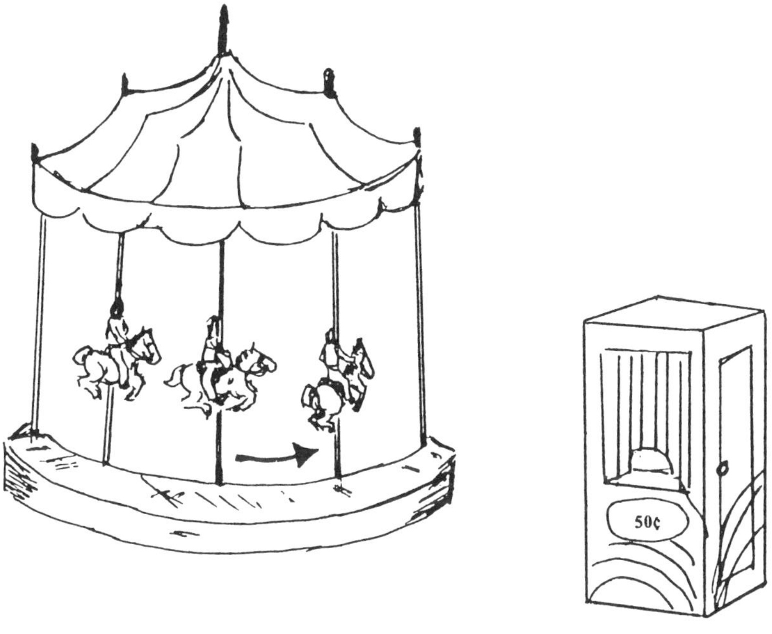

Fig. 46 **La machina completa una vuelta con respecto a la taquilla en 15 segundos**

Uno de los niñitos en la machina se baja del caballito y empieza a caminar muy lentamente relativo a los caballitos en la dirección contraria completando una vuelta alrededor de la machina en 20 minutos. (Fig. 47)

Fig. 47 **El niño completa una vuelta en una dirección contraria a la de la machina en 20 minutos.**

¿Ve usted alguna analogía entre el movimiento del niño respecto a los caballitos de la machina y la taquilla y el movimiento del sol respecto a las estrellas y la Tierra? Se puede comparar la taquilla con la Tierra. El movimiento de la machina completa, con los niños y los caballitos, respecto a la taquilla, a razón de una vuelta cada 15 segundos, es comparable al movimiento diurno de la esfera celeste, junto con las estrellas y el sol, respecto a la Tierra, a razón de una vuelta por cada día. El niño que se baja de su caballito en la machina y empieza a caminar, relativo a los mismos, en una dirección contraria a la de la machina, completando una vuelta en 20 minutos, es semejante al sol, el cual se mueve relativo a las estrellas en una dirección contraria a la de su movimiento diurno completando una vuelta en un año. El niño tiene dos movimientos relativo a la taquilla: uno con la machina entera en el transcurso de 15 segundos y otro relativo a los caballitos, en dirección contraria, y el cual le toma 20 minutos en completar. Así mismo el sol tiene dos movimientos vistos desde la Tierra: uno junto con la esfera celeste en el transcurso de un día en la dirección de este a oeste relativo al horizonte y otro relativo a las estrellas, en dirección contraria, y el cual le toma un año en completar.

Hace miles de años que los astrónomos conocen con bastante precisión el paso del sol entre las estrellas y constelaciones durante el año. A esta trayectoria aparente hacia el este del sol entre las constelaciones se le conoce como la *Eclíptica.* (Fig. 48) Este nombre se deriva del hecho de que la luna debe encontrarse en la Eclíptica, o muy cerca de ésta, para que tenga lugar un eclipse, ya sea de sol o de luna. Sin duda alguna, el sol está siempre en la Eclíptica.

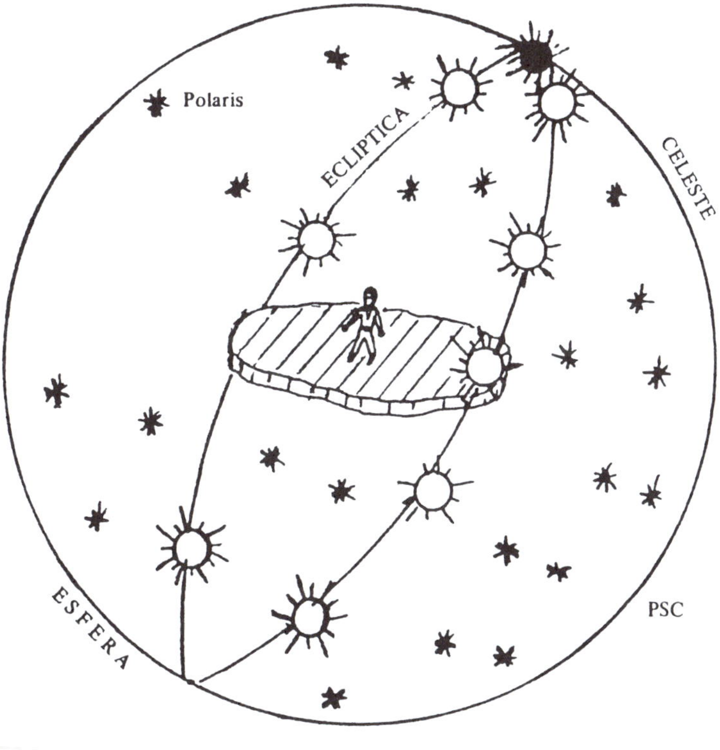

Fig. 48 **La Eclíptica**

Continuando con nuestro tema, conviene señalar otra observación, con respecto al sol, que está relacionada con su posición en el meridiano celeste local a la hora del mediodía. El sol no cruza el meridiano celeste por el mismo punto todos los días a mediodía.

Consideremos un ejemplo: el caso nuestro, aquí en Puerto Rico. A principios del invierno, más o menos alrededor del 21 de diciembre, nosotros podemos observar que el sol cruza el meridiano celeste al mediodía a una altura de 48° con respecto a la región sur del horizonte. (Fig. 49)

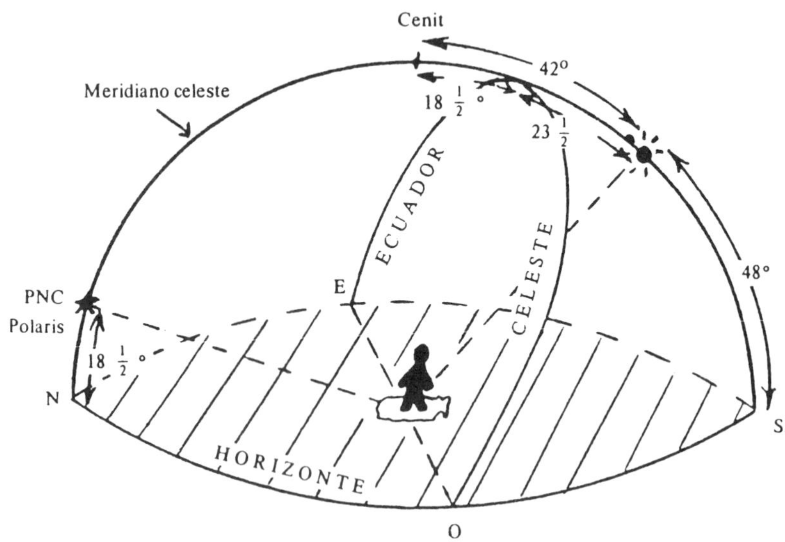

Fig. 49 Posición del sol a mediodía alrededor del 21 de diciembre para un observador en Puerto Rico.

Esto significa que el sol se encuentra ese día a 42° al sur del cenit ya que

90°	–	48°	=	42°
distancia del horizonte al cenit		altura del sol sobre el horizonte sur		distancia del cenit al sol

Sabemos que, como Puerto Rico está en la latitud 18 1/2° N, el ecuador celeste corta el meridiano celeste a 18 1/2° al sur del cenit. Por tanto, esto significa que el sol se encuentra ese día a 231/2° al sur del ecuador celeste ya que

42°	–	$18\frac{1}{2}$ °	=	$23\frac{1}{2}$ °
distancia del cenit al sol		distancia del cenit a la intersección del ecuador celeste con el meridiano celeste		distancia a que se encuentra el sol al sur del ecuador celeste

Ahora bien, alrededor del 21 de marzo, vemos que el sol cruza el meridiano celeste a mediodía a unos 18 1/2° al sur del cenit. Esto quiere decir que el sol recorre este día el círculo del ecuador celeste. (Fig. 50)

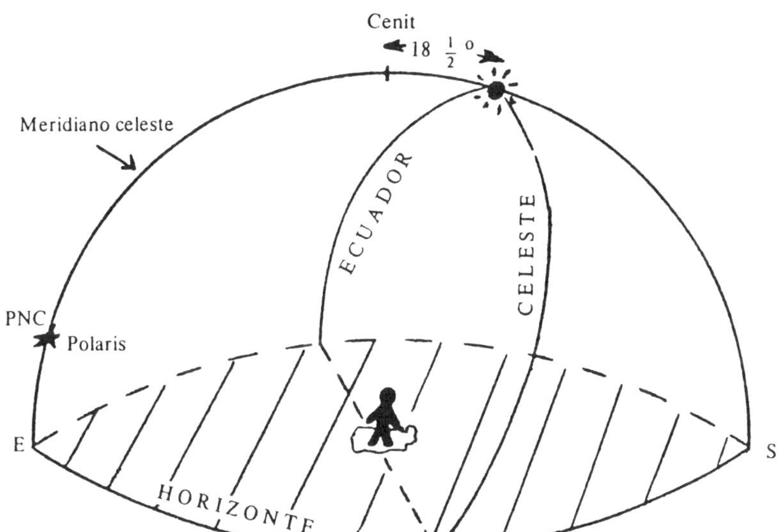

Fig. 50 **Posición del sol a mediodía alrededor del 21 de marzo para un observador en Puerto Rico**

Unos meses más tarde, en las cercanías del 22 de junio, encontramos que el sol cruza el meridiano celeste a unos 5° al norte del cenit. Esto equivale a decir que el sol se encuentra otra vez a una distancia angular de separación, pero esta vez al norte del ecuador celeste, de $23\frac{1}{2}$ °. (Fig. 51)

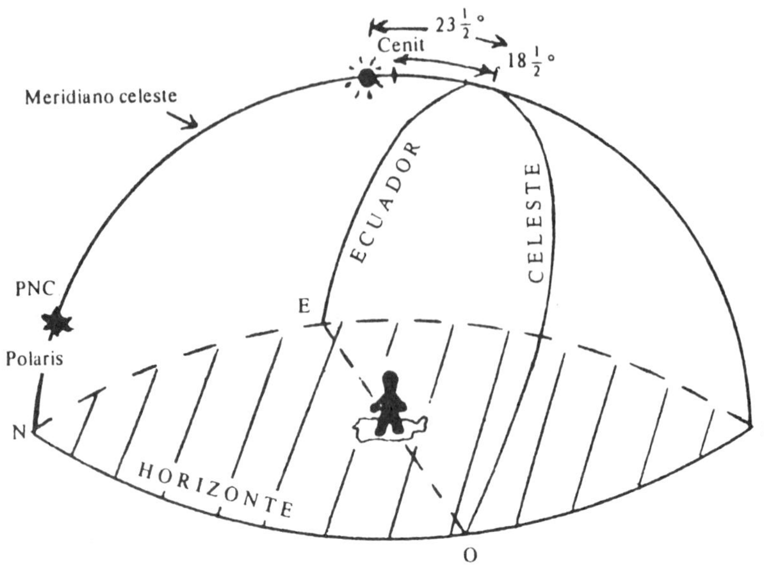

Fig. 51 **Posición del sol a mediodía alrededor del 22 de junio para un observador en Puerto Rico**

En los alrededores del 23 de septiembre, podemos ver el sol cruzar el meridiano celeste a $18\frac{1}{2}°$ al sur del cenit nuevamente, es decir, el sol ha regresado otra vez al círculo del ecuador celeste. (Fig. 52)

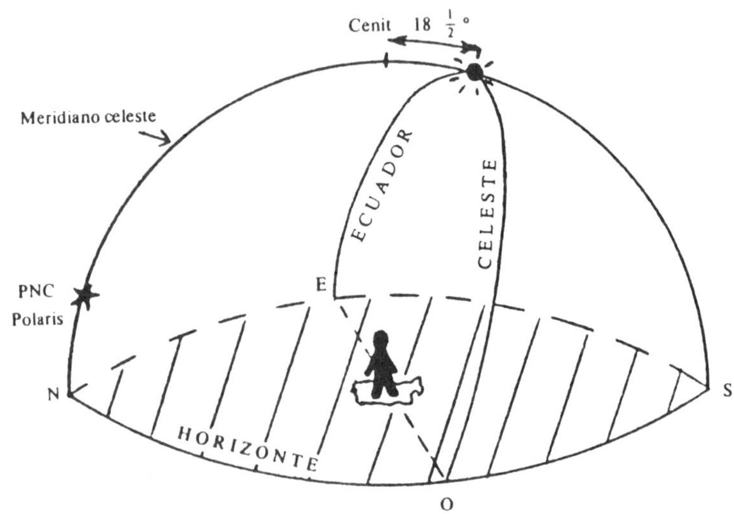

Fig. 52 **Posición del sol a mediodía alrededor del 23 de septiembre para un observador en Puerto Rico.**

Y si el 21 de diciembre, al cabo de un año de esta observación, volvemos a observar, encontramos que el ciclo comienza a repetirse. Si integramos estas cuatro figuras en una sola, obtenemos la figura 53.

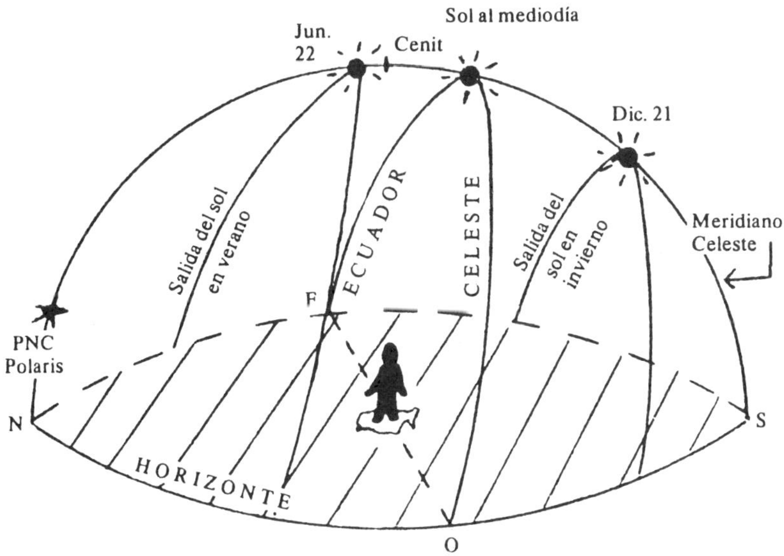

Fig. 53 **El paso diurno del sol a través del cielo durante el invierno, la primavera, el verano y el otoño visto desde Puerto Rico**

A esos dos días en el año, cuando el sol recorre el círculo del ecuador celeste, les vamos a llamar los *equinoccios.* Llamamos *equinoccio de primavera* al equinoccio que ocurre cerca del 21 de marzo y que señala el comienzo de la primavera en el hemisferio norte de la Tierra. De igual forma, llamamos *equinoccio de otoño* al equinoccio que ocurre cerca del 23 de septiembre el cual señala el comienzo del otoño en el hemisferio norte de la Tierra. Observe que, siendo el ecuador celeste un círculo máximo de la esfera celeste, éste queda cortado en partes iguales por el horizonte del observador. Por tanto, durante los equinoccios, observamos días y noches que tienen igual duración.

Similarmente, a esos dos días del año, cuando el sol alcanza una separación máxima de $23\frac{1}{2}°$ con relación al ecuador celeste, les conocemos como los *solsticios.* Llamamos *solsticio de verano* al solsticio que ocurre cerca del 22 de junio, cuando el sol se encuentra a $23\frac{1}{2}°$ al norte del ecuador celeste, y que señala el comienzo del verano en el hemisferio norte de la Tierra. En el diagrama 53, puede ver que este día del solsticio de verano puede considerarse como el día más largo del año ya que el sol permanece sobre el horizonte la mayor parte del tiempo. En esta época de verano los días son largos y las noches cortas. Del mismo modo, llamamos *solsticio de invierno* al solsticio que ocurre cerca del 21 de diciembre, cuando el sol se encuentra a $23\frac{1}{2}°$ al sur del ecuador celeste, el cual señala el comienzo del invierno en el hemisferio norte de la Tierra. Este día del solsticio de invierno, (Fig. 53) corresponde al día más corto del año ya que el sol permanece sobre el horizonte la menor parte del tiempo. Durante esta época de invierno, los días son cortos y las noches largas.

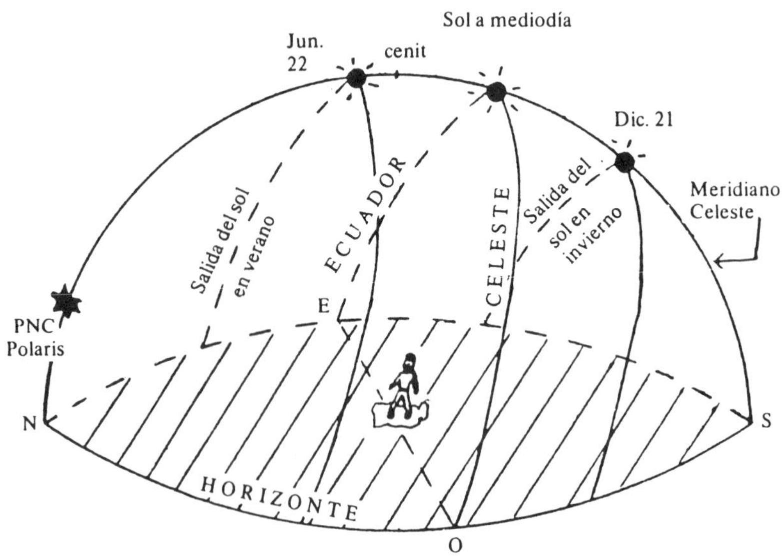

Fig. 53 **El paso diurno del sol a través del cielo durante el invierno, la primavera, el verano y el otoño visto desde Puerto Rico.**

Veamos este otro ejemplo: el de un observador en la latitud 90° N, es decir, en el Polo Norte de la Tierra. ¿Podría describir el movimiento del sol a lo largo del año para este observador? Haga un diagrama donde ilustre las posiciones del sol en los días de solsticio y equinoccio para este observador. Luego, compare su diagrama con la siguiente figura. (Fig. 54) Su descripción debe estar de acuerdo con las posiciones que se indican en este diagrama.

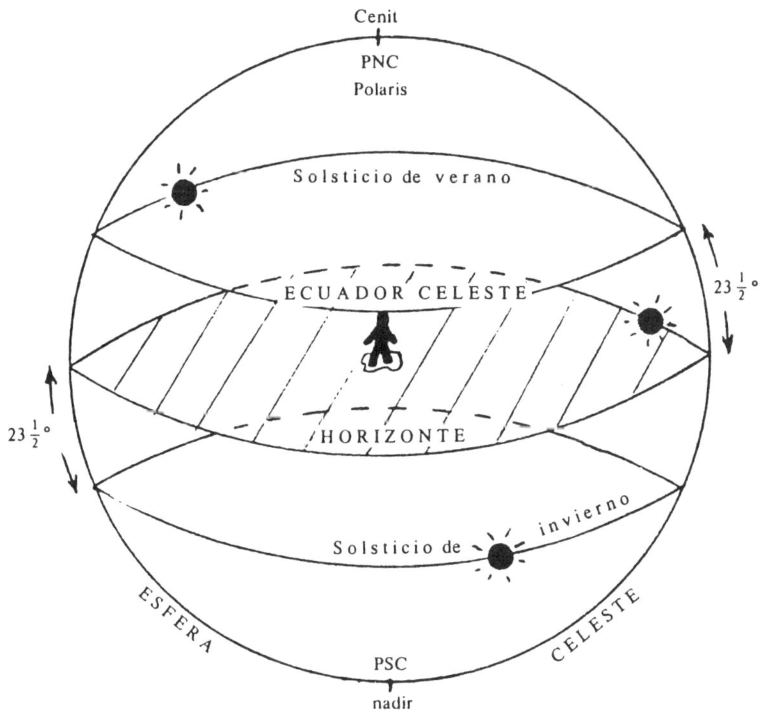

Fig. 54 **El paso diurno del sol a través del cielo durante el invierno, la primavera, el verano y el otoño visto desde el Polo Norte de la Tierra.**

Alrededor del 23 de septiembre, el sol, que ha estado desde marzo en el hemisferio norte de la esfera celeste, cruza el ecuador celeste y entra en el hemisferio sur de la esfera celeste. El observador tiene el sol sobre su horizonte durante seis meses, o sea, tiene seis meses de día. Igualmente, el observador tiene el sol bajo su horizonte otros seis meses. Esto significa que tiene también seis meses de noche. Lo mismo sucede para un observador en el Polo Sur de la Tierra.

En base a estas observaciones, podemos decir que el sol, además de su movimiento hacia el este respecto a las estrellas, parece tener un movimiento unas veces hacia el norte del ecuador celeste y otras veces hacia el sur del ecuador celeste. Podemos decir que el sol se mueve como en espiral en una faja angosta del cielo. (Fig. 55)

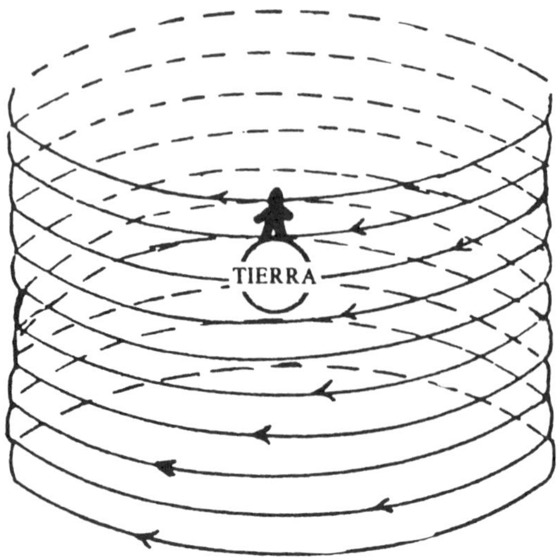

Fig. 55 **El movimiento en espiral del sol en el transcurso de seis meses: verano ⟶ otoño ⟶ invierno.**

Prueba de Progreso Núm. 8

(1) Considere el movimiento diurno del sol

(a) ¿Cuál es la referencia que usamos para describir este movimiento?
(b) ¿Cuál es la dirección de este movimiento?
(c) ¿Cuál es la duración de este movimiento?

(2) Considere el movimiento directo del Sol.

(a) ¿Cuál es la referencia que usamos para describir este movimiento?
(b) ¿Cuál es la dirección de este movimiento?
(c) ¿Cuál es la duración de este movimiento?

(3) ¿Cómo se le llama a la trayectoria aparente del sol hacia el este entre las estrellas? ¿De dónde se deriva este nombre?

(4) Defina los siguientes términos:

(a) solsticio
(b) equinoccio
(c) solsticio de invierno
(d) solsticio de verano
(e) equinoccio de primavera
(f) equinoccio de otoño

(5) ¿Dónde se encuentra el sol a mediodía, alrededor del 21 de marzo, para un observador en el Ecuador Terrestre?

(6) ¿Dónde se encuentra el sol el día del equinoccio de otoño para un observador en el Polo Sur de la Tierra?

(7) Haga un diagrama para cada una de las latitudes a continuación y muestre el paso diurno del sol durante los solsticios y equinoccios para cada observador respectivamente.

   (a) latitud 0°
   (b) latitud 45° N
   (c) latitud 66 1/2° N
   (d) latitud 90° S

(8) ¿Cómo compara la duración de los días y las noches durante los solsticios y los equinoccios para un observador situado en cada una de las latitudes de la pregunta (7)?

Movimiento de la luna

La luna comparte el movimiento diurno del sol y de las estrellas. Por las noches, la vemos salir por la región este de nuestro horizonte, describir un arco en el cielo y luego ocultarse por la región oeste del horizonte. La *luna*, al igual que el sol, *participa a su vez de un movimiento directo*, en la dirección de oeste a este con respecto a las estrellas, pero este movimiento tiene mucha menos duración que el del sol. La luna solamente tarda $27\frac{1}{3}$ días en recorrer su órbita aparente y regresar a las cercanías de una misma estrella. A este período de tiempo de $27\frac{1}{3}$ días le vamos a llamar el *mes sideral o mes de las estrellas.*

La luna cambia de forma durante el mes; presenta distintas fases. La fase que presenta la luna en una determinada ocasión depende de la posición de la luna respecto al sol. Como ejemplo, considere la siguiente figura. (Fig. 56)

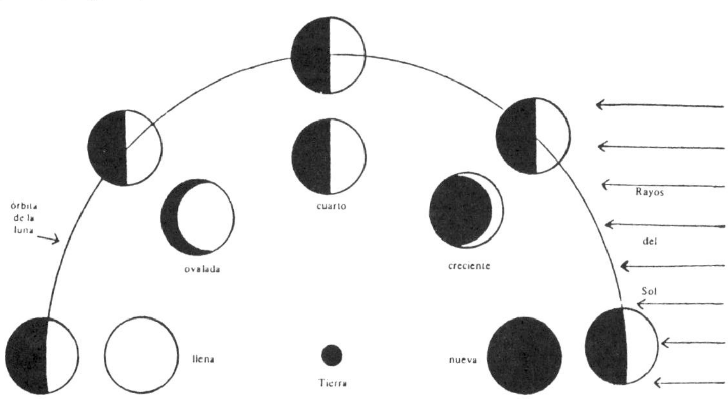

Fig. 56 **Las fases de la luna. Los cinco círculos en la órbita de la luna muestran su hemisferio iluminado. Los cinco círculos interiores muestran la correspondiente iluminación de la luna, vista desde la Tierra.**

El tiempo transcurrido entre dos lunas nuevas, o dos lunas llenas, consecutivas es de $29\frac{1}{2}$ días. A este período de tiempo de $29\frac{1}{2}$ dias se le conoce como el *mes sinódico* o *mes lunar.* Por tanto, el mes sideral es más corto que el sinódico.

Prueba de Progreso Núm. 9

(1) Considere el movimiento diurno de la luna

(a) ¿Cuál es la referencia que usamos para describir este movimiento?
(b) ¿Cuál es la dirección de este movimiento?
(c) ¿Cuál es la duración de este movimiento?

(2) Considere el movimiento directo de la luna.

(a) ¿Cuál es la referencia que usamos para describir este movimiento?
(b) ¿Cuál es la dirección de este movimiento?
(c) ¿Cuál es la duración de este movimiento?

(3) ¿Qué se entiende por el mes sideral?

(4) ¿Qué se entiende por el mes sinódico?

(5) ¿De qué depende la fase que muestra la luna en un determinado día?

(6) Explique lo que se entiende por cada una de las fases de la luna: nueva, creciente, cuarto, ovalada, llena.

Movimiento de los planetas

A primera vista, los planetas se ven muy parecidos a la multitud de estrellas en el cielo. Existen ciertas características básicas de las estrellas y ciertas características básicas de los planetas, las cuales nos permiten distinguirlos. En primer lugar, los planetas brillan con luz fija mientras que las estrellas no. Habrá notado que la luz que llega a nosotros desde las estrellas parece cambiar rápidamente en color y brillantez. Estos cambios de color y brillantez ocasionan el centelleo de las estrellas. En segundo lugar, los planetas vagan en el cielo, lo cual significa que un planeta que, en cierta ocasión, se encuentra cerca de una estrella puede, en otra ocasión más tarde, encontrarse cerca de otra distinta. Aún más, los planetas, cuando se observan por telescopio, se ven como pequeños discos de luz. A mayor amplificación, mayor resulta el diámetro del disco. Las estrellas, sin embargo, aun con el telescopio más grande, se ven solo como puntos de luz. Finalmente, los planetas pueden encontrarse solamente en una faja angosta del cielo, quedando sus movimientos limitados por las fronteras de esta faja. Las estrellas pueden hallarse en cualquier parte del cielo.

Luego de esta pequeña introducción, considere el movimiento de los planetas. *Los planetas,* al igual que las estrellas, el sol y la luna, *tienen también un movimiento diurno*, en la dirección de este a oeste, con relación al horizonte. Además, de la misma manera que el sol y la luna, los planetas también cambian de posición con relación a las estrellas, en la dirección de oeste a este, completando una vuelta en tiempos diferentes y característicos de cada uno de ellos. En otras palabras, *los planetas participan también de un movimiento directo* en adición al movimiento diurno.

Ahora bien, hay otro movimiento aparente de los planetas que se observa de vez en cuando y que llama mucho la atención. Es el llamado *movimiento retrógrado de los planetas* que consiste en un cambio en la dirección de movimiento de los planetas con relación a las estrellas. Los planetas se mueven entonces en una dirección contraria a la que aparentamente llevan. (Fig. 57)

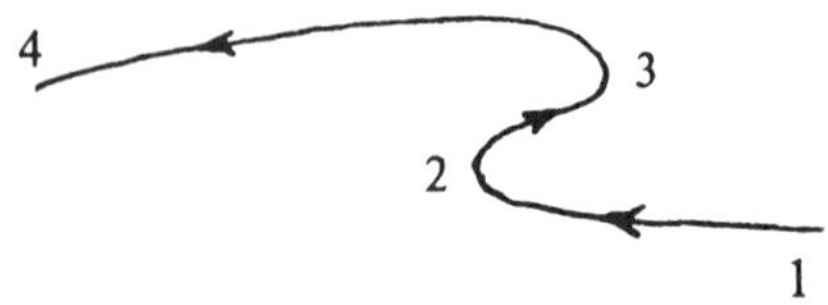

Fig. 57 **El movimiento retrógrado de los planetas. Según se muestra, el planeta lleva en la posición (1) un movimiento en la dirección normal (movimiento directo) y continúa así hasta el punto (2). Desde la posición (2) hasta la posición (3), el movimiento es en la dirección contraria a la normal (movimiento retrógrado). En el punto (3), el planeta vira y prosigue en su movimiento directo.**

Prueba de Progreso Núm. 10

(1) Considere el movimiento diurno de los planetas.

(a) ¿Cuál es la referencia que usamos para describir este movimiento?
(b) ¿Cuál es la dirección de este movimiento?
(c) ¿Cuál es la duración de este movimiento?

(2) Considere el movimiento directo de los planetas.

(a) ¿Cuál es la referencia que usamos para describir este movimiento?
(b) ¿Cuál es la dirección de este movimiento?
(c) ¿Cuál es la duración de este movimiento?

(3) ¿Qué se entiende por el movimiento retrógrado de los planetas?

(4) ¿Cómo puede distinguir, mediante observación, un planeta de entre el torrente de estrellas en el cielo?